低卡小厨房

Sarah◎著

Low Calorie Small Kitchen

江西美术出版社
JIANGXI FINE ARTS PUBLISHING HOUSE

图书在版编目（CIP）数据

低卡小厨房 / Sarah 著 . -- 南昌 : 江西美术出版社，
2017.12

（读美文库）

ISBN 978-7-5480-5788-8

Ⅰ . ①低… Ⅱ . ① S… Ⅲ . ①食谱－中国 Ⅳ .
① TS972.182

中国版本图书馆 CIP 数据核字（2017）第 287179 号

出 品 人：汤 华
企 划：江西美术出版社北京分社（北京江美长风文化传播有限公司）
策 划：北京兴盛乐书刊发行有限责任公司
责任编辑：王国栋 康紫苏 李小勇 宗丽珍 朱鲁巍
版式设计：阎万霞
责任印制：谭 勋

低卡小厨房

作 者：Sarah

出 版：江西美术出版社
社 址：南昌市子安路 66 号江美大厦
网 址：http : //www.jxfinearts.com
电子信箱：jxms@jxfinearts.com
电 话：010-82293750 0791-86566124
邮 编：330025
经 销：全国新华书店
印 刷：天津安泰印刷有限公司
版 次：2017 年 12 月第 1 版
印 次：2017 年 12 月第 1 次印刷
开 本：880mm×1280mm 1/32
印 张：7
I S B N：978-7-5480-5788-8
定 价：35.00 元

作者序

　　"大院儿"是一种建在北京城西、被高墙围着的一座座独特的生活空间。每一座大院都是历史和现下的叠印，也都是一个个拥有商店、食堂、医院、影院以及子弟学校的全功能小型社会……

　　小时候住在大院儿里，每到假期，要好的小伙伴们都群聚在一起，从大院儿生活中寻找乐趣：今天扎在你家明天扎在她家，有时帮忙有时添乱地做着家务，有一搭没一搭地写些假期作业，大汗淋漓也要拽着辫子跳着皮筋儿，还有就是好似各家妈妈一样拿着从饭堂打来的各种食物进出厨房，为自己和伙伴们做午饭。有永远要在饭上盖一个荷包蛋的，有煮完面条一定要挑起一根甩在墙上的，有一直觉得饭堂的发面饼一定就是披萨饼胚的，还有每天都吃番茄炒蛋也不会腻的……但是对于孩子来说，做饭到底不是一件多有趣的事儿，现在想想，那个时候无论在谁家，满心愿意围着炉台转的好像一直都是我啊。

　　不过即便如此，很多年下来，因为大院儿里有饭堂，只要饿了就一定有饭吃，所以，在灶台旁鼓捣熟的每一餐也就一直停留在饿不着的水平。直到有一天，走出大院儿，走出这个令我倍感安全且安心的小社会，全家越洋来到纽村，当馒头、面条都不是想吃就有的时候，才真正觉得有时乡愁不过就是一碗热腾腾的家乡味……

就如陈大咖在《不过一碗人间烟火》中写道：人生在世，无非"吃喝"二字。将生活嚼得有滋有味，把日子过得活色生香，往往靠的不只是嘴巴，还要有一颗浸透人间烟火的心。谁家厨房热气腾腾，谁家的日子就一定不孤单。

之后多年，复制家乡的味道在心头变得尤为重要，慢慢地，由复制变为改进，由改进变为小创新，在不狂奔、不彷徨的年纪厨艺却突飞猛进，并且一直遵循着好吃、好做且健康的原则，对我来说也算是个不小的收获！

人对于食物的需求大体有两种划分：一是必要，即维持生存的必须或者说被迫的动作；另一个是喜恶，即出于必要之内或之外（更多是之外）的一种"自由的"（或者说是）偏好性的选择。

渐渐地，也会呼朋唤友来品尝，得到大家的一致赞赏也让我觉得骄傲和满足。今天，我在各路吃货的鼓励下将家人与朋友喜爱的菜品整理成册，供大家在需要时翻阅。

因为胃和心的距离很近，当你吃饱了的时候，暖暖的胃会挤占心脏的位置，这样心里就不会觉得那么冷清，那么空落落。

Sarah

推荐序

金牌饲养员的心声

我和Sarah曾经运作了一个微信群，名字叫做"爱吃才汇营"。在群通告里，我把吃货分成了三类：一是没有任何厨艺，吃之前的所有工作都由别人完成，只负责吃和吃后评价的"纯吃货"；二是因为好吃而发展了可观厨艺的"超级吃货"；三则是如Sarah这样手艺好、菜品精，但做好饭菜后自己基本不吃，而是把主要精力都放在家庭成员种种反馈上的"金牌饲养员"。

本书是Sarah多年心血的结晶，也是我们一家吃货"艰辛成长"的历史见证。

如今，人们大多已经告别了食物短缺时代，吃饱肚子不难，难的是如何吃得安全，比如要避免地沟油的"迫害"；吃得健康，比如少用或不用添加剂；吃得环保，比如不用BBQ就能吃上烧烤；吃得便宜，比如降低每餐成本；吃得容易，比如让做饭的人不至于太麻烦……

本书部分回答了上述问题。比如，关于饮食的安全和健康。可以说，这也是我们在烹饪过程中最为关心和尊重的。为此，我们建议大家尽量遵循自制原则，例如用奶油自制酸奶油，在家自制冰激凌，以三明治淋酱取代蛋黄酱等；尽量实行少油、少糖原则，无论是制作面包、蛋糕还是其他甜点，都要如此，要尽量以蜂蜜代替食糖；还有尽量不使用添加剂、稳定剂、色素原则……再比如关于环保。我们其实做不到不用BBQ就能吃上烧烤，这个科学难题也许需要更聪明的大师来攻克，但是自己在家做饭最大的好处之一，就是能够避免过多浪费，这本身就是环保行动；另外，少油、少糖，拒绝各种添加剂，也是既健康又环保的。再比如吃得容易，就这个方面，我们郑重推荐懒龙——它名副其实，简直就是给烹饪时间不足或者不爱动手做饭的懒人的天然福利……

　　饮食的奥妙就藏在生活中，建议读者们在积极参与烹饪实践的基础上，用你们自己的慧眼努力发掘、发现吧！

金桥

2017年3月23日

目　录

第二部分：菜肴

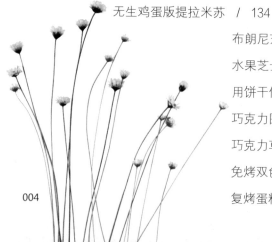

第九部分：小朋友下厨房

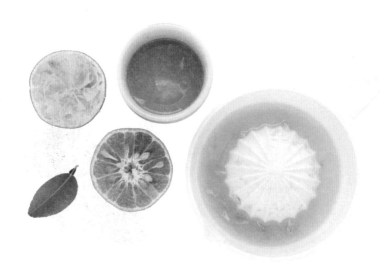

第一部分　主食

可爱的白馒头

🥄Sarah碎碎念：

对于土生土长的北京人来说，飞越上万公里来到地球的另一端之后，乡愁有时也许就是那个买也买不到的熟悉滋味。

馒头，这个我原本离不开的、随时都能吃到的，及其低调又唾手可得的食物，却因为南半球的面粉吸水量、酵母活性度、空气高湿度等原因屡屡不能以它原有的姿态出现在我揭开锅盖的一霎那。为此，我浪是懊恼，懊恼的结果就是不断试验，使它不断蜕变。终于有一天，它不再和我较劲，我看到它时，它是白白的、胖胖的……

🥄所需食材：

低筋面粉500克，酵母3克，盐1克，糖5克，食用油2毫升，温水220毫升。

做法：

1　将上述除了水以外的食材倒入一个大的容器中，在面粉中间挖一个小坑，倒入准备好的水量的1/3，用筷子搅拌，待水与面粉混合后再倒入1/3的水继续搅拌，最后将剩余的水也倒入面粉中，搅拌后用手和面。

2　当面团表面光滑时换一个新的容器，倒入2毫升食用油，将面团的表面沾满油放入容器盖上保鲜膜放在阴凉处等待醒发。如果是气温稍低的季节，例如秋天，第一次醒发大概需要2个半小时。

3　在面板上撒少许干粉，将醒发好的面团揉搓排气，之后再放回刚刚的容器中做二次醒发。这次的时间不用太久，等待面团松弛即可。

4　面板上撒少许干粉，将松弛好的面团取一半完整地放在面板上，用擀面杖擀成2—3毫米的面皮。在表面喷洒少许水之后从一边开始卷起，慢慢将面皮卷成一个面棍状，期间不用太紧也不要太松。此时可用刀切成喜欢的大小，一般我会切成8个。

5　锅中放凉水，蒸屉上铺好烘焙纸，将切好的馒头胚子放入锅中，每个馒头胚子之间要留有空隙，做最后发酵，这个过程需要15分钟。

6　15分钟后，开大火，等水开冒气后将火控制在中火偏大一点，约蒸10分钟。

7　馒头蒸好关火后，不要着急揭开盖子，等3分钟再慢慢揭开，记得不要让盖子上的水滴落到馒头上。

胖懒龙

🍴 做法：

1 和一块蒸白馒头的面，发着，再来调馅儿。个人认为，调馅时用黄酱和甜面酱代替生抽味道更浓郁，另外平时用的大葱或香葱也用洋葱代替，会有意想不到的效果。

2 醒发好的面团排气后再醒20分钟，擀成面皮，铺上喜欢的馅料，卷起，封口。放在锅中再次醒发20分钟。

3 20分钟后开火，水开后蒸17分钟左右。关火后焖3分钟再打开盖子。

🥄Sarah碎碎念：

说到炒饭，个人认为还是用刚刚蒸好、散发过一会儿水汽的米饭来炒口感更好。不太能苟同要用隔夜米饭炒饭的观点，我想那一定是为了给隔夜饭一个不被浪费的理由，才配上多种食材加以礼遇的。要不那些失去水分、失去米香、没有生机的隔夜饭该如何是好。

单碟快餐——羊肉炒饭

🥄 **所需食材：**

米饭、土豆、羊肉片、花雕酒、洋葱、蒜、豌豆、玉米、生抽、老抽、蚝油、盐。

🍴 **做法：**

1 锅中放少许油加热，放入切好的洋葱丝煸炒至软，烹入花雕酒和生抽，倒入准备好的羊肉片翻炒至全熟备用。

2 电饭煲中放入洗好的米加适量水，土豆切丁，蒜切末，锅中倒入油至5成热，放入蒜末及土豆丁煸炒，待土豆表面沁入油后加入胡椒粉和盐。将半熟的土豆倒入电饭煲按下熟饭按钮等待米饭煮熟。米饭煮熟后打开盖子翻拌一下散去水汽。

3 锅中放少许油，放洋葱爆香，加入豌豆、玉米炒熟，倒入少许老抽及蚝油。把蒸好的土豆米饭及葱爆羊肉依次拌入锅中，加少许盐即可。

紫米赤豆粥

🥄所需食材：

赤小豆、红糖、食用油、紫米、糯米、大米、红枣、芝麻。

🍴 做法：

1　赤小豆、紫米、糯米分别浸泡过夜。

2　将浸泡好的赤小豆煮软烂备用。

3　平底锅中倒入少量食用油，小火，倒入煮软的赤小豆翻炒，过程中将豆碾成豆泥，加入红糖。可以多炒一些，分成小份冻在冰室内，需要的时候拿出一小包就好。

4　将浸泡好的紫米、糯米和未浸泡的大米按照1:1:1的比例倒入电饭煲，加入适量水和红枣，按下煮粥键，粥煮好后加入刚刚炒好的红豆泥拌匀，盖上盖子再焖20分钟。

5　食用时加上少许红糖和芝麻即可。

肉夹馍

🥄 所需食材:

炖好的牛肉（也可以选择其他肉类），彩椒、香菜，还有制作白馒头所需的面粉等食材。

🍴 做法:

1 彩椒切丁，香菜切末，取一个容器，将彩椒末、香菜末和炖好的肉放入容器中，捣碎并拌匀。

2 按照白馒头的制作方法先和面，醒面。

Ps：图中的小饼是因为我要赶时间所以使用了卷面皮的方法制作的，这样做虽然节省时间，但是不好夹肉，容易漏出汤汁。所以建议大家还是按照自己喜欢的大小，将面揉成小面团再按扁，继续醒发为宜。

3 平底锅烧制温热，不用加油，直接将扁扁的馍的胚子放在锅中烙制，待两面金黄，按压后立刻弹起就好了。

4 将馍中间切开，加入刚刚拌好的肉碎，开吃吧！

快手早餐——肉末蔬菜面

🥄 所需食材:

蔬菜若干,面条适量,肉末100克,洋葱半个,姜1片,蒜5颗,八角1个,干辣椒1个,黄酱20毫升,食用油、生抽、醋、盐、胡椒、白芝麻、香油,香菜少许。

🍴 做法:

1 前一天晚上将肉末酱做好:锅中放少许油,放入洋葱丝、蒜片、姜末、干辣椒、八角,煸炒出香味,倒入肉末和黄酱炒至肉末全熟,倒入生抽,量要多一些,调至小火焖15分钟,其中需要经常搅拌,避免糊锅。15分钟后顺锅边倒入几滴陈醋,并加入盐和胡椒调味。

2 碗里放入白芝麻、香油和香菜,将焖好的肉末酱倒入碗中,用勺子翻拌。凉凉之后放入冰箱冷藏。

3 第二天一早煮一锅开水,下面,卧一个鸡蛋,面与鸡蛋快熟时放入青菜,煮片刻就好。

4 面、青菜、鸡蛋一并倒入碗中,浇上一大勺肉末酱,再淋上热面汤就可以了。

油泼扯面

🥄Sarah碎碎念：

那天在某饭庄叫了份油泼扯面，我和女儿才吃了一碗，就纷纷被油糊住。回家后在院子里踢石子半小时外加每人一根山楂卷才算解了腻。

吃得实在莫名其妙，好好的油泼扯面怎么成了不香不辣的油和面？

🥄所需食材：

面粉500克，盐2克，生抽、陈醋、香油、香葱、大蒜、香菜、白芝麻、食用油、油泼辣子、青菜适量。

🍴做法：

1　500克面粉加1克盐与250毫升温水揉成光滑面团，在容器中倒入10毫升食用油，将面团裹上一层油后在容器中醒半小时。

2　葱姜蒜及香菜切末备用。

3　面板上铺烘焙纸，将醒好的面放在上面分割成长条面块，用筷子在中间按压出印。

4　煮一锅开水加入1克盐。

5　面块在手上缓缓抻一下，长度就可以是原来的3倍，刚刚的筷子印已经是薄膜状，从头至尾扯开，最后再拉抻一下，长度自己决定。

6　将面块逐个抻扯为面条，一根根放入锅内，不用担心面条入锅的先后，这样做出的面条即使煮得时间长点也不会烂。出锅前放入青菜。

7　将面条盛入碗中，码放青菜，加入生抽、陈醋、香油、白芝麻、香葱末、蒜末、香菜末，再加上一勺油泼辣子。

8　炒锅烧热，倒入几勺食用油，再烧热后淋在刚刚准备好的面条上，听到刺啦刺啦的声音，大功就告成了。那味道不仅是香！也不仅是真香！而是实在太香了！

🥄最后提醒大家，锅中的蔬菜咸面汤可是原汤化原食的宝贝，所以就算吃个肚歪也要记得喝掉。

多年前，北京，写字楼里的饭堂被金鼎轩承包。早晨，8点刚过，一般可以将车停到离大厦正门只有几步之遥的车位上。冲到饭堂，如果能再买到素馅饼，那这个早晨就太满足了，基本可以保证一上午的好心情。

圆白菜鸡蛋馅饼

🥄 所需食材：

低筋面粉、圆白菜、鸡蛋、
香葱、姜、花椒、虾米、香油、
盐、酵母、食用油、猪油。（还
可依个人喜好准备胡萝卜，香菇
或是粉丝）

🍴 做法：

1　500克低筋面粉加入1克盐，2克酵母，20毫升食用油，260—
270毫升温水揉成光滑面团备用。

2　圆白菜切丝，过开水，沥干。鸡蛋打散炒熟。

3　锅中倒入大约为平常炒菜时放油量3倍的油，加少许花椒，油
热后关火，将花椒捞出，撒一把虾米爆香，盛出备用。

4　热锅中放入一大勺猪油，慢慢融化备用。香葱及姜切末。

5　开始拌馅：取一个容器，将过了热水并沥干的圆白菜、炒好的
鸡蛋碎、葱姜、虾米油、盐和猪油统统倒入容器，搅拌。

6　将面团加生粉简单揉几下后分成16等份，包入馅料。

7　锅中放少许油，中火烙至双面金黄即可。

奶油饭团

📍 所需食材：

　　新煮好的米饭一碗，土豆2个，香
肠1根，各色彩椒、奶油、盐、胡椒。

🍴 做法：

　　1　土豆去皮，对半切，
蒸熟并捣烂成泥。

　　2　香肠和彩椒切丁，拌入
米饭，淋两大勺奶油再以盐和
胡椒调味。

　　3　用模具压出三角形或
团成球形饭团，包裹保鲜膜定
型装入饭盒。适合春夏时小朋
友带饭。

海苔饭团

🥄 **所需食材：**

饭团模具、黄瓜、米饭、黑芝麻、白芝麻、盐、海苔以及事先炸好的葱油。葱油的做法请参照后文中的"一份葱油拌面"。

🍴 **做法：**

1 将黑芝麻、白芝麻、盐、海苔碎和两大勺葱油倒入米饭中并翻拌均匀。

2 黄瓜切丁。将一些米饭填入模具的1/2，中间放黄瓜碎，再填入一些米饭，盖上模具的盖子压实之后，饭团就可以轻松脱模。

3 剪刀剪出宽1厘米，长5厘米的海苔片，在饭团底部包裹一下即可。

意大利火腿披萨

🥄 所需食材：

白面包面团150克，黄油25克，面粉50克，牛奶70毫升，奶油30毫升，鸡蛋、意大利火腿、彩椒、西红柿、蘑菇、洋葱、马苏里拉奶酪、番茄酱、罗勒碎。

做法:

1 按照书中第三部分中制作白面包的方法准备一块150克的面团,经过两次发酵后擀成喜欢的形状,用叉子扎出小孔,备用。

2 烤箱预热160摄氏度,将披萨饼胚放入烤箱最下层烘烤10分钟后取出。

3 制作白酱:平底锅放入黄油,开中火,待黄油融化后加入面粉搅拌至没有生面粉,加入牛奶和奶油不停搅拌至顺滑无颗粒,备用。

4 打散一个鸡蛋,将蛋液涂抹在被烘烤了10分钟的披萨饼皮表面。

5 再将熬好的白酱均匀地涂抹在披萨饼胚上,淋上番茄酱,撒一层奶酪碎,再依次摆放意大利火腿、蘑菇、西红柿以及彩椒,然后撒上少许罗勒,最上面再铺上一层奶酪碎。

6 烤箱再次预热180摄氏度,将披萨放入烤箱中层,烘烤15分钟左右,至奶酪熔化表面金黄即可。

泡菜煎饼

🥄 所需食材：

自制或市售泡菜150克，面粉150克，玉米粉70克，鸡蛋2个，白蘑菇2个，彩椒丝、盐、芝麻、胡椒、虾米、花椒。

🍴 做法：

1 取一个大点儿的容器，放入面粉和玉米粉拌匀，将打散的鸡蛋倒入，加适量水搅拌为比较粘稠的面糊。

2 倒入切好的泡菜、蘑菇片、盐、胡椒、芝麻和虾米拌匀。

3 平底锅倒入油，撒几粒花椒爆香后用锅铲盛出。将面糊倒入锅中并平铺，中火煎底部3分钟，在表面码放彩椒后翻面再煎3分钟，至两面金黄即可。

🥄Sarah碎碎念：

　　华语版《深夜食堂》开播，内夹油条的煎饼果子在第四集出现，毫无悬念地勾起了我的馋虫。想想我上次做煎饼果子居然还是去年，而且当时其中裹着的是我并不太喜欢的薄脆。

　　不过这次虽然想裹油条，但我又懒得起一锅油去炸。最后，我花了不到1个小时的功夫，烤了一盘咸味泡芙来代替油条。

咸泡芙版煎饼果子

🥄 咸泡芙所需食材：

黄油60克，面粉100克，全蛋3个，黄糖2克，盐15克，温水100毫升。

🍴 做法：

1　将黄油、盐、糖和水放入小锅中火加热，待全部食材融化后筛入面粉，用蛋抽搅拌至均匀无颗粒，放在一旁凉凉备用。

2　烤箱预热200摄氏度，鸡蛋打散。

3　十几分钟后分5次加入蛋液，每添加一次都要搅拌均匀。

4　将调好的顺滑蛋糊倒入裱花袋，在烘焙纸上挤出宽小于2厘米、长10厘米的形状，送入烤箱中上层烤约25分钟至表面金黄。

🥄 煎饼所需食材：

玉米面50克，绿豆面100克，低筋面粉150克，盐、咸泡芙（如果喜欢也可以用油条或薄脆）、鸡蛋、香葱、香菜、甜面酱、辣酱、腐乳、芝麻。

🍴 做法：

1　将3种面粉和盐倒入容器，加温水调成较稀的面糊。

2　平底锅烧温热，倒入油，用汤勺盛面糊倒入锅中，开中火，等表面凝固，磕1个鸡蛋，用勺背戳破蛋黄将蛋液铺平，撒上香葱末及香菜碎，翻面。

3　依照口味涂抹各种酱，将咸泡芙放在饼的中间，用锅铲折叠、对切。

怕你不辣的担担面

🥄 所需食材:

提前做好的辣椒酱,至少已放置过夜。

肉末、葱姜蒜、食用油、香葱、香菜、芝麻、花生、青菜、生抽、老抽、花雕、香油、盐、糖、醋。

🍴 做法:

1 热锅倒入凉油,放入葱姜蒜末煸炒出香味,放入肉末炒至变色,加入生抽、老抽和盐调味。最后大火收汁盛出备用。

2 香菜及香葱切末,青菜焯水。

3 花生在平底锅里放少许油煎脆,凉凉,碾成小粒。

4 锅中放水,煮面。

5 调底料:碗底放入生抽、老抽、香油、糖以及一大勺辣椒油,拌匀。

6 热面连汤一并盛入碗中,侧面码放青菜,上面撒香葱末、香菜末、花生碎,淋上一勺肉末,再浇一些辣椒酱,表面撒芝麻。

一份葱油拌面

🥄 所需食材：

小半个洋葱，几片姜，
八角、肉桂、花椒、辣椒、
香葱、虾米、食用油、生
抽、醋、番茄酱、香油、白
芝麻、紫菜、面条。

🍴 做法：

1　热锅倒 150毫升凉油，将洋葱片，姜片，八角，肉桂，花椒，
辣椒以及香葱放入，小火煎15分钟，使洋葱和香葱呈金黄色。

2　15分钟后沥出油中所有食材，在容器中撒上一小把虾米，将热
热的葱油浇在上面。

3　煮面：挂面开水下锅，依照面条的粗细煮3—5分钟，中间留有
硬芯。为了保持口感清爽，这里不建议大家用新鲜面条。

4　拌面：碗底放入生抽、醋、香油、番茄酱，浇上热面，面上淋
些葱油，拌匀，表面再撒些芝麻和紫菜丝。也可以再淋些自制的辣椒
酱，好吃极了！

小牛饭

🥄 所需食材：

300克牛肉片，2个洋葱，花雕100毫升，香菜、食用油、生抽、老抽、盐、糖、米饭。

🍴 做法：

1 锅中倒食用油，加入洋葱丝翻炒几下，倒入100毫升花雕以及少许生抽，翻炒至洋葱变软。

2 加入牛肉片，再加入适量糖、盐以及极少量老抽调色，待牛肉变色加少许香菜即可！

3 把炒好的牛肉片码放在蒸好的米饭上，一碗浓汁嫩肉的小牛饭就完成了！

Sarah 独门意大利肉酱面

🥄 所需食材：

任选一种喜欢的面条，西红柿5个，肉末3两，洋葱1个，蒜5个，白蘑菇5个，黑木耳若干，青椒1个，食用油适量，番茄酱50毫升，黄油10克，生抽19毫升，花雕酒3毫升，胡椒、盐，糖2克。

🍴 做法：

1 将洋葱、蒜、白蘑菇、黑木耳和青椒切末备用。

2 锅中倒食用油，放入切好的洋葱末，蒜末煸炒出香味，再倒入肉末煸炒至全熟，加入花雕酒翻炒几下，将切成小丁的西红柿倒入锅中翻炒并加入生抽，盖上盖子焖大约5分钟左右。

3 打开盖子加入切好的白蘑菇、黑木耳和青椒继续翻炒，关小火盖上盖子继续焖5分钟。

4 再次打开盖子，加入番茄酱、黄油、盐、糖和胡椒，将汤汁收至浓稠即可。

5 将做好的肉酱按个人口味酌量放在煮好的面条上，搅拌均匀，开吃！

土豆意面沙拉

🥄 所需食材：

土豆5个，胡萝卜1根，煮熟的鸡蛋3个，洋葱半个，黄瓜半根，香肠2根，意面一小把，盐、胡椒、番茄酱、蛋黄酱。

🍴 做法：

1 土豆去皮切块，胡萝卜切丁，一起放入锅中隔水蒸熟，蒸熟后将洋葱丝铺在表面盖上盖子焖10分钟。

2 煮鸡蛋、黄瓜、香肠切丁，意面煮熟备用。

3 取一个大容器，将蒸熟的土豆和胡萝卜，切好的香肠、黄瓜、鸡蛋，还有洋葱丝和意面倒入。加入适量蛋黄酱和15毫升番茄酱，少许盐和胡椒拌匀即可。

🥄 给小朋友中午带饭，可以选她们喜爱的各种形状的意面增加趣味。

Sarah碎碎念：

这份大阪烧的蔬菜面糊要掌握好圆白菜的比例，如果调好的面糊中蔬菜的比例明显多过面粉，成品不宜成型，则可以向面糊中添加少许玉米粉会更容易操作。

大阪烧——木鱼花飞起来

🥄 所需食材：

面粉100克，水170毫升，鸡蛋1个，培根2条，圆白菜两大片，香葱、紫菜碎、盐、糖、蚝油、生抽、味淋、胡椒、芝麻、海米、蛋黄酱、木鱼花。

🍴 做法：

1 面粉中倒入水，用蛋抽或电动打蛋器搅拌至顺滑无颗粒的面糊，圆白菜切细丝、香葱切碎拌入面糊，调入少许盐、胡椒，撒入海米拌匀。

2 平底锅倒入油，单面煎培根，翻面后倒入拌好的蔬菜面糊，调中火盖上盖子，焖上几分钟，待饼皮周围金黄时翻面，再盖上盖子焖几分钟后盛出备用。

3 在锅中再倒入少许油，鸡蛋打散倒入，单面煎，底部微黄时将刚才的蔬菜饼铺在鸡蛋上，盖上盖子调小火继续焖5分钟后一并倒入盘中。依照口味可在表面涂一层蛋黄酱。

4 用蚝油20毫升，生抽20毫升，味淋5毫升，芝麻少许，加一点点水，调成酱汁，倒入刚才摊饼的锅中煮开，淋在涂抹了蛋黄酱的蔬菜饼上。

5 紫菜剪细丝，一小把木鱼花揉碎一点，均匀撒在饼的表面，完成！

叉烧包

所需食材：

炖好的花雕炖肉，发好的面团，盐、生抽、冰糖。

🍴 做法：

1 锅中倒入油，微热时放入花雕炖肉，翻炒并用锅铲将肉块剁碎。加入少许盐、生抽和冰糖翻炒至冰糖完全融化，肉碎表面晶晶亮为宜。盛出凉凉。这样做好的叉烧肉碎没有广式叉烧包那么甜，但比广式的要稍微油一些。

2 醒发好的面团排气，揉成小剂子，一般500克面粉能做出16—18个剂子。擀成3毫米厚的圆片，包入肉碎，封口。

3 包好的包子生胚要在锅中再次醒发20分钟。醒发好之后开火，水滚上汽后蒸9分钟。关火后仍须在锅内焖3分钟再缓慢揭开盖子。

Sarah碎碎念:

　　小时候的除夕夜，餐桌上总有一道甜甜的八宝饭。吃一块在嘴里，那甜蜜的味道会一直渗透到了心中。

　　转眼又到一年除夕，耗时6小时做了一桌最想念的家乡味，其中就包括这道八宝饭。之后喝着茶吃着水果熬到半夜，终于通过YouTube同步了春晚！也终于到了再一次疯狂想家的时候！不知道哪一年才能回到北京家中过年，与一直期盼着我们的家人们相聚……

桂花八宝饭

🥄 所需食材：

糯米150克，红豆沙100克，各种果干，清水以及糖桂花。

🍴 做法：

1　糯米泡水2小时以上，以能碾碎为宜。

2　糯米与水1:1的比例大火蒸至全熟，差不多45分钟，凉凉备用。

3　模具底部和周边涂抹猪油或是无盐黄油，将各种果干依次码放，铺一层晾至温凉的糯米饭，再铺一层红豆沙，之后再铺一层糯米饭，中火回锅蒸5分钟。

4　取一个盘子盖在模具上，翻过来，可以轻松脱模。

5　如果喜欢吃很甜的，可以在表面淋上少许糖桂花。

鱼丸粗面

🥄Sarah碎碎念：

这碗面有一个故事，那就是《麦兜的故事》：

麦兜：麻烦你，鱼丸粗面。

校长：没有粗面。

麦兜：是吗？来碗鱼丸河粉吧。

校长：没有鱼丸。

麦兜：是吗？那牛肚粗面吧。

校长：没有粗面。

麦兜：那要鱼丸油面吧。

校长：没有鱼丸。

麦兜：怎么什么都没有啊？那要墨鱼丸粗面吧。

校长：没有粗面。

麦兜：又卖完了？麻烦你来碗鱼丸米线。

校长：没有鱼丸。

旁：麦兜啊，他们的鱼丸跟粗面卖光了，就是所有跟鱼丸和粗面的配搭都没了

麦兜：哦——没有那些搭配啊……麻烦你只要鱼丸。

校长：没有鱼丸。

麦兜：那粗面呢？

校长：没有粗面。

🥄 所需食材：

鱼肉250克，清水50
毫升，玉米淀粉15克，
盐、胡椒、青菜、豆腐、
姜、面条，味淋20毫升，
味增50克。

🍴 做法：

1 　鱼肉切块，冷冻至少3小时，拿出来放入搅拌机，加少许盐、胡椒、玉米淀粉和清水高速搅打至粘稠，差不多3分钟。

2 　将搅打好的鱼泥倒入容器，煮一锅开水，放入两片姜。手蘸水保持湿润，将鱼泥团成一个个鱼丸，入开水锅，浮起后盛出。

3 　鱼丸汤中加入味淋和味增，再次开锅后煮面，并按照喜好加入豆腐和青菜，出锅前再将鱼丸加入继续煮2分钟即可。

桂花红糖甜花卷

🥄 所需食材:

低筋面粉450克,玉米渣50克,酵母5克,红糖35克,盐少于1克,温水250毫升,糖桂花适量。

🍴 做法:

1　将一半红糖与其他所有食材到入面包机,使用揉面功能,设定时间5分钟。

2　面团揉好后取出,放入容器中醒发至2倍大。

3　加入少许面粉给面团排气,等待15分钟待面团松弛后,擀成厚度为2—3毫米的厚片。将剩余红糖以及糖桂花均匀涂抹在面皮上,从一边卷至另一边,封口。

4　将桂花卷切成大小基本一致的16等份做二次醒发,虽然这个过程会损失一点点桂花糖,但是不影响成品的口感。

5　准备烘焙纸,分成8等份。

6　半小时后,将每两个面卷上下重叠,慢慢拉长,像拧麻花一样拧上几圈,再将两头粘合,一个桂花红糖卷就做好了。按照方法将剩余的面卷都卷好并放在烘焙纸上做第三次醒发,时间为15分钟。

7　锅中放入水,架好蒸架,将桂花卷码放好,每一个桂花卷之间要留有空隙。水开后转中高火,蒸12分钟。关火后静止3分钟再揭开盖子。

Sarah碎碎念：

先说说我家的饺子蘸料吧，内容很丰富哦！这一碟蘸料配有：腊八醋、生抽、辣椒酱、蒜蓉酱、香油、花椒油、白糖以及泡菜汁。

辣白菜水饺

🥄 所用食材：

辣白菜500克，猪肉馅200克，豆腐半块，粉丝一把，洋葱1个，姜2片，香葱1根，黄酱25克，盐。

🍴 做法：

1 辣白菜挤汁儿切碎，汁儿留着。豆腐提前压水，至少3小时，半块豆腐一般可以压出20毫升水，之后用刀背片成泥。

2 粉丝温水泡开，切末。洋葱和香葱切丝姜切末。

3 猪肉馅拌入黄酱、洋葱、香葱、姜和盐腌制2小时。包饺子之前再拌入豆腐、粉丝和辣白菜，最后依照馅料的粘稠度添加少许泡菜汁即可。

椒油家常饼

🥄所需食材：

低筋面粉410克，温水200毫升，酵母1克，盐5克，糖1克，花椒少许，食用油65毫升。

做法：

1 取一个碗，倒入10克面粉。锅中倒入50毫升油，中高火，放入花椒炸几分钟，在花椒变色之前捞出。

2 油锅重新放在灶台上，高火将油烧热，立即倒在盛有面粉的碗里，用勺子搅拌均匀，油酥就做好了。凉凉备用。

3 料理机里倒入400克面粉、盐、糖、酵母和15毫升食用油，启动揉面功能将上述食材揉成光滑面团。

4 取一个容器抹上一层油，放入面团，盖上保鲜膜醒发半小时。

5 面板上撒少许面粉，将面团取出一分为二，用其中一部分擀成薄薄的面皮，将油酥均匀涂抹，像叠被子一样折叠面团，每叠一层都要刷一层油酥。

6 折叠到碗大的尺寸时将周边封口捏紧，放在一旁松弛一会儿。在第一个面团松弛的时间里可以按照上述步骤做好第二个。

7 再拿出第一个面团，用擀面杖由中间开始向周围擀，每一个方向擀一次就好，记住不要像擀饺子皮一样在同一个位置反复擀。擀到与平底锅差不多大小就需要再做一次松弛。

8 几分钟后开中火，锅中倒少许油，待油温热后放入饼胚，2分钟左右面皮鼓起，翻面继续烙，当面皮再次鼓起并且双面金黄时出锅。

9 出锅后在面板上凉2分钟再切块。

🥄Sarah碎碎念：

在纽村，孩子们上学时大都会自带午餐。到了秋冬季节，孩子们的中国胃在饥肠辘辘的时候更想吃到热腾腾的、熟悉的味道。有一天，我在哥哥的保温饭盒中放了两个大大的培根花卷。放学时他兴奋地告诉我："妈妈做的培根花卷简直太好吃了！我可以天天吃，甚至顿顿吃！"

培根花卷

🥄 所需食材：

低筋面粉500克，牛奶100克，温水160克，酵母5克，盐5克，培根若干条，香葱2根。

🍴 做法：

1　将面粉、酵母、盐、温水和牛奶按照先粉状再液体的顺序倒入面包机内胆，启动揉面模式揉成光滑面团，盖上盖子醒发至原来的2倍大。

2　香葱洗净、沥干，切碎备用。

3　烤箱预热120摄氏度，培根放在烤盘上入烤箱中层烤10分钟。取出烤盘将析出的油沥出（油不要浪费，冰起来保存，日后可以烤桃酥），再将培根撕成细条备用。

4　面板上撒少许面粉防粘，将醒发好的面团放在面板上擀成约2—3毫米厚的面皮。再将培根条码放好，撒上香葱碎，从一侧卷至另一侧，封口。

5　将做好的培根卷切成大小均匀的16等份，再次醒发20分钟。

6　20分钟后将每两个培根卷上下叠放、抻拉、扭转成花卷，逐个放在蒸屉上做最后醒发，再20分钟后大火蒸15分钟，熄火后焖3分钟即可。

第二部分：菜肴

花雕蒸蟹

🥄 所需食材：

生蟹或熟蟹几只，花雕600毫升，姜两片，醋、黄糖少许。

🍴 做法：

1　取一个容器，放入螃蟹，倒入花雕腌1小时以上备用。

2　锅中倒入刚刚腌螃蟹的花雕，并将腌好的螃蟹取出放在蒸屉上，大火蒸15—20分钟即可。

3　蘸料：姜切丝或切末放在碟子上，淋上醋，再拌一点点黄糖。

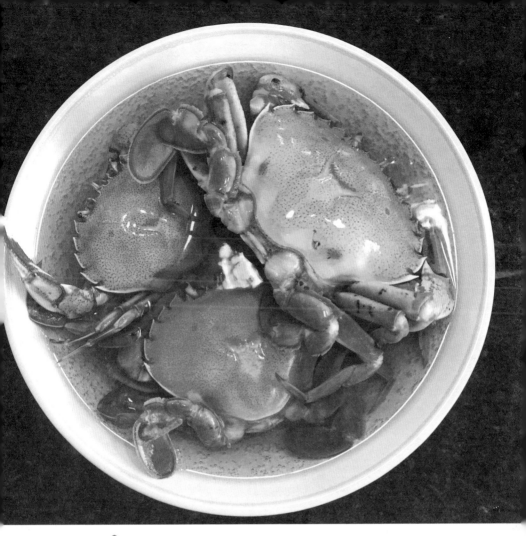

📍Sarah碎碎念：

今年夏天，纽村的螃蟹似乎格外多。在群里团了蟹笼、绳子，又去买了鸡架、救生衣，带上手套和保温箱，我们就出发了。到了海滩，群主利索地拆开蟹笼、放入鸡架，绑上装满湿沙的水瓶，栓好绳子，又检查了一下身上的救生衣，就去捉蟹了。而当我还在一边收拾沙滩垫，一边给孩子拿玩具，手里还在反复给朋友们发着坐标的时候，群主已经淡定地提上来一笼大肥蟹了……

Sarah碎碎念：

　　腊月的北京，五六级的西北风刮起来绝对是凛冽刺骨的，这时大多会想起热腾腾的关东煮。这种小吃似乎不论几时，都能在街角遇到。萝卜、昆布、香菇、卤蛋、魔芋结……满满一小碗捧在手里，虽不惊艳但食之尤有味，那味也尤是我所期待！而那时那刻，被驱赶走的也早已不仅仅是寒意……

咕嘟咕嘟快手关东煮

🥄 所需食材:

木鱼花、味淋、味增、日本酱油、各种丸子、甜不辣、脆香肠、熟鸡蛋、白萝卜、油豆腐、小章鱼。

🍴 做法:

1 锅中倒入水,烧开,撒一把木鱼花煮5分钟,捞出后倒入日本酱油和少许味淋再煮5分钟。

2 白萝卜切块。把喜欢的鱼丸、贡丸、甜不辣、脆香肠、白萝卜和熟鸡蛋通通入锅炖煮至全熟。

3 出锅前5分钟加一大勺味增调味。

4 最后把小章鱼放进锅里烫一下。

5 如果有竹签,就将煮好的食材一串串穿起,放在碗里,淋上热汤。

今天去海鲜市场，本来想去买虾的，一进门却看到了超大带鱼。想想小时候物资匮乏的年代，需要拿着票、排着队才能买到几乎臭了的、还没有皮带宽的带鱼，所以直到现在只要想起那种带鱼就会想起那股最腥的味道。这么多年过去，带鱼已经不复当年的模样，变得这么大一条了。

红烧超大带鱼

🥄 所需食材：

带鱼、葱、姜、蒜、盐、糖、花雕、番茄酱、蚝油、蒸鱼豉油、胡椒。

🍴 做法：

1　带鱼洗净擦干切段并切花刀，用盐、胡椒、葱、姜和花雕腌制半小时。中间记得翻面。

2　调汁：容器中放入一小勺糖，20毫升番茄酱，20毫升蚝油，30毫升蒸鱼豉油及少许花雕调匀。

3　锅中倒入油，放入两片姜及葱段爆香，将腌制好的带鱼入锅双面煎制金黄备用。

4　换新锅，倒少许油，用葱姜蒜爆香，倒入调好的酱汁，加少许水煮开，放入煎好的带鱼炖几分钟，出锅前撒葱花。

豆 干

 所需食材：

市售北豆腐2块。

🍴 做法：

1 将买来的豆腐冲洗干净放在烤架上，表面铺1张烘焙纸，纸上放一烤盘，压出豆腐里的水，每隔1小时要将烤盘上再加些重量，差不多5小时后，2块豆腐能压出120毫升水。

2 将豆腐切块，放入烤箱中层，双面各烤15分钟左右，待豆腐块表面结皮即可，颜色仍然是米黄色。

3 烤好的豆干可以依照口味或盐卤或五香，之后冰箱冷藏至少2小时再食用。

椒香鱼块

🥄 所需食材：

无刺鱼块、香菜、青椒、彩椒、葱丝、姜丝、蒸鱼豉油、食用油。

🍴 做法：

1 锅中放入水，大火烧开，将鱼块放入，水要没过鱼块，大火煮1分钟，关火并盖上盖子焖5分钟。

2 鱼块沥干水分码在盘中，撒上青椒丝、彩椒丝、葱丝、姜丝以及香菜。

3 平底锅放多些油，撒几粒花椒，中大火爆香。

4 在鱼块上淋些蒸鱼豉油，再将热热的花椒油均匀淋在表面即可。

蘑菇酥皮饺

🥄 所需食材：

酥皮1张，白蘑菇5个，西红柿1个，洋葱半个，蒜3瓣，炖好的牛肉1块，鸡蛋1个。

🍴 做法：

1 蘑菇、洋葱、蒜、西红柿切碎入锅翻炒至出汁，再加入牛肉碎继续翻炒，加入盐，生抽及胡椒，最后大火收汁盛出备用。

2 酥皮等分4份，将上述牛肉蘑菇馅放在每一份小酥皮中间，捏起4个角在中间处粘住即可。

3 将做好的酥皮饺放入冰箱冷冻室冷冻10分钟。

4 烤箱预热210摄氏度。

5 鸡蛋打散。在取出的酥皮饺表面刷蛋液，再用叉子在周边叉些小孔后送入烤箱中上层，烤20分钟至表面金黄。

花雕炖肉

🥄 所用食材：

五花肉500克，老抽，冰糖20克，白糖50克，花雕150毫升，洋葱1个，姜3片，蒜5瓣，肉桂1片，八角3个，干辣椒3个，干山楂5片，盐。

🍴 做法：

1 五花肉泡水、沥干，切小块。

2 平底锅烧热倒少许油，将五花肉双面煎制金黄。

3 炒糖色：炖肉锅里倒少许油，烧热，将糖倒入，转小火搅拌至白糖溶化并变为棕色。

4 锅中的糖冒小泡时将煎好的肉倒入锅中迅速翻炒。此时锅中会有油溅起，小心烫到。翻炒至五花肉焦黄，像是洒了生抽的颜色，尽量使每块五花肉都裹上糖色。

5 倒入花雕，少许老抽，放入葱姜蒜、肉桂、八角、辣椒及山楂，再倒入少许开水，没过肉块就好。

6 炖煮2小时后撒盐调味，最后加入冰糖，大火收汁。

照烧豆腐

🥄 所用食材:

　　紫菜，北豆腐1块，玉米淀粉，
蚝油30毫升，生抽30毫升，盐、糖、
香葱、蒜、芝麻。

🍴 做法:

1 　将玉米淀粉倒入盘中。

2 　豆腐切成长3厘米宽2厘米的小块，每一面都裹上薄薄的玉米淀
粉备用。

3 　平底锅放少量油，将裹上淀粉的豆腐入锅煎，至双面金黄色后
盛入盘中。

4 　将锅洗净，再次倒少量油，放入香葱和蒜烹香，倒入蚝油、生
抽和糖搅拌，最后调入少许盐。

5 　将煎好的豆腐码入锅中，待双面沁入汤汁后再码放回盘中，淋
上剩余的汤汁。

6 　再次将锅洗净，烘干，放入几片紫菜烘烤后剪成细丝，与剩余
的香葱及芝麻一起码放在豆腐上。

焗红薯

🥄 所需食材：

红薯2个，马苏里拉奶酪丝若干，糖5克，奶油10克，鸡蛋黄1个。

🍴 做法：

1 红薯洗净对半切，不去皮蒸熟，大约30分钟。

2 熟透的红薯趁热将瓤挖出2/3拌入少许马苏里拉奶酪、糖以及奶油，再放回红薯皮中，表面撒少许马苏里拉奶酪。

3 将蛋清和蛋黄分离，蛋黄打散，用小刷子将蛋黄液刷在撒了奶酪的红薯表面。

4 烤箱预热180摄氏度，放中上层，烤至表面金黄即可。

说说番茄炒蛋

🥄 Sarah碎碎念：

我是一个天生胃亏番茄的人，尤其是亏炒熟的番茄。如大多数北京女孩一样，我小时候学会做的第一道菜就是番茄炒蛋，对它的热衷我的亲人们都可以作证——我家餐桌上几乎每天都要有这道菜。

然而，就是这么一道看似简单的菜，鸡蛋何时放？是炒老还是炒嫩？番茄是切丁、切块还是切片？炒制过程中是否加糖？如果加糖是白糖、红糖还是棕糖？要不要小葱炝锅？出锅前加不加胡椒？出锅后撒不撒香葱等都会使它的味道不尽相同。慢慢的，我也发现了一些能使这道不起眼的小菜更加好吃的做法，下面就给大家分享一下：

🥄 所需食材：

大红番茄2个，鸡蛋2个，红糖5克，番茄沙司20毫升，生抽、食用油、盐少许。

🍴 做法：

1 炒锅烧热，倒入适量食用油烧至7分热，将打散的鸡蛋顺着锅边倒入，翻炒至金黄，甚至可以炒得稍微老一点，盛出备用。

2 番茄切块，直接倒入炒完鸡蛋的热锅内，加入少许生抽后不断翻炒至变软、出汁。

3 依次加入20毫升番茄沙司，5克红糖及适量盐翻炒均匀，盖上盖子焖几分钟即可。

🥄 炒制过程中不要加水；成品看上去鸡蛋不要多过番茄。

糖醋小排

🥄 所需食材：

小排若干，白糖50克，花雕酒少许，干辣椒2个，葱姜少许，八角2个，肉桂一小片，芝麻20克，醋少许，生抽少许，盐少许，蚝油10毫升。

🍴 做法：

1 小排开水焯过并沥水，锅中放入油，开中火，倒入白糖炒糖色。

2 倒入沥干的小排翻炒，尽量让每一个小排都沾上糖色，炒至金黄色放入八角、肉桂和辣椒继续煸炒几分钟。

3 炒出香味后往锅中倒入开水，要没过小排，再放入花雕，蚝油、葱段以及姜片，盖上盖子炖50分钟。

4 小排炖好后打开盖子，沿着锅边倒入少许醋、生抽以及盐调味，大火收汁，当汁变得粘稠时加入芝麻翻炒两下出锅。

奶油南瓜羹

 所需食材：

中等南瓜1/3个，红薯1个，腰果20粒，糖20克，奶油50毫升，开水适量，盐少许。

🍴 做法：

1　南瓜和红薯去皮、切块，隔水蒸熟。

2　腰果、盐、糖入搅拌机调和后打碎成粉末，加入蒸熟的南瓜和红薯，并倒入奶油快速搅打至细腻的糊状。

3　在搅拌机中加入适量开水调至喜欢的浓稠度，再次搅打1分钟即可。

🥄Sarah碎碎念：

在纽村的餐馆里基本找不到甜甜的南瓜羹，因为洋人喜爱那种放了洋葱和各种蔬菜的咸咸的口感。而这种味道在我第一次皱着眉头品尝时就决定不会再有下一次……

🥄Sarah碎碎念:

　　小时候,最爱的两道菜就是番茄炒蛋和红烧茄子。记得那时仲夏夜晚,每每和邻居大姐姐聊天聊到肚子咕咕叫就想着,这时要是有番茄炒蛋和红烧茄子,再拌上一碗白饭……那种滋味哪怕只是想想都觉得满足!

　　其实不光小时候,几十年过去,想吃的无非还是那几样,不曾改变,只是有时因为环境的变化,食材不允许做出记忆中的味道了。每到这时,一些特殊的佐料就可以登场,比如蒜蓉豆豉。

蒜蓉豆豉蒸茄子

🥄 所需食材:

　　长茄子1个,蒜蓉豆豉酱50
克,肉末100克,花雕、生抽、番
茄酱、洋葱、蒜、香葱、芝麻。

🍴 做法:

　　1　茄子去蒂,从中间破开,放入盘中入蒸锅中火蒸软。

　　2　锅中倒入油,用洋葱和蒜爆香,放入肉末煸炒至全熟,淋少许
花雕,再放入蒜蓉豆豉酱翻炒出香味,加入少许生抽和番茄酱,小火盖
子焖5分钟后盛出备用。

　　3　将炒好的肉酱厚厚地淋在茄子表面,表面撒芝麻以及香葱,用
勺子轻轻翻拌即可。

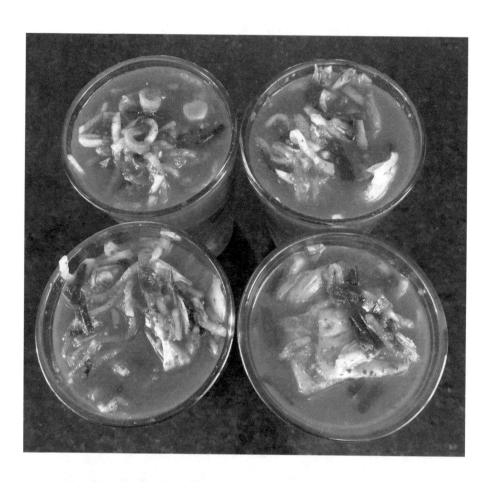

韩国泡菜

🥄 所需食材：

大白菜半棵，白萝卜，海盐，韭菜一小把，洋葱小半个，苹果半个，梨半个，姜1块，鱼露60毫升，虾酱60克，韩国辣椒粉50克，糯米粉100克。

🍴 做法：

1　大白菜对半切，在每片叶子中间均匀地撒上细海盐，尽量避开叶子的部分，之后放在容器中腌制6小时。

2　腌好的白菜在清水里稍稍过一下沥干待用。

3　糯米粉倒入水调成糯米糊待用。

4　白萝卜切丝，韭菜切段，洋葱、苹果、梨和姜切块后放入搅拌机打成糊状。

5　戴上手套将上述食材与韩国辣椒粉混合抓匀并涂抹在每一片白菜上，放入有盖子的容器中，不必密封，20—25摄氏度室温腌制3天后转入冰箱冷藏室，再低温发酵5天左右就可以了。

焗青口

🥄 所需食材：

青口10个，马苏里拉奶酪碎若干，原味或椰子味酸奶一小盒，黑胡椒少许。

🍴 做法：

1 将青口洗净，在水里泡一会儿，之后去除沙子。煮一锅开水，放入青口，煮到开口后再多煮1分钟直至全熟，取出沥干。

2 烤盘上铺烘焙纸，烤箱预热150摄氏度。

3 将青口表面涂一层酸奶，再铺上厚厚的奶酪，撒少许黑胡椒，入烤箱中层，烤至表面金黄为宜。

第三部分：面包

Sarah碎碎念：

这款土司也可以在天气不好，湿度又大的季节改用面包机全程操作。用面包机和面、醒发，整型后再放回面包机内胆中做二次充分醒发，最后将烘焙时间调至38分钟，出来的大吐司组织相当绵软，且湿度适中。

朴实白面包

🥄 **所需食材：**

450克高筋面粉，盐0.5克，糖20克，酵母5克，全蛋1个，酸奶油75克（酸奶油的作用是让烤好的面包组织更加细腻，当然没有的话不加也是可以的），水或牛奶120毫升（面粉的吸水量有所不同，以面团稍软为宜），如果没有加酸奶油，那么水要加到170克，食用油5毫升。

🍴 **做法：**

1 如果家里有面包机，就将上述食材按照先粉状再液体的顺序倒入面包机内胆，启动和面模式大约50分钟后让它在内胆中进行第一次发酵。如果没有面包机，就取一个大容器，将上述食材全部倒入并手动和面至面团表面光滑为止。待面团发酵至2倍大取出，撒些干粉并造型出自己喜欢的土司摸样做二次发酵。待面团再次发酵至2倍大时，预热烤箱160摄氏度10分钟。

2 烘焙：将再次发酵好的面团送入已预热的烤箱中层，设定40分钟。因为烤箱品牌不同，温度也会有所差异，若烤至15分钟左右时面包表面已近棕黄，说明温度偏高，若一点没有上色则温度偏低。

3 出炉：烤好的面包从任何一个地方按压下去都能立刻弹起说明已全熟了。这时候找一个镂空的架子晾一晾，待面包全部凉透才可以切开品尝，不然会功亏一篑。

面包机版汤种紫米土司

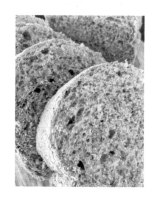

🥄 所需食材：

煮好并放凉的紫米红枣粥150毫升，全蛋1个，酸奶油30毫升，面粉400克，红糖30克，酵母7克，盐0.5克，椰子油或食用油20毫升。

🍴 做法：

1 将上述除了油以外的所有食材按照先粉状后液体的顺序倒入面包机内胆中，开启和面档，待面团成型后加入油继续和面约45分钟。面团表面光滑后在面包机中做第一次醒发。

2 待面团发酵至2倍大后取出排出空气，并等分成3份再揉成光滑面团，将面包机内胆中的搅拌棒取出，依次将3个面团放入做二次醒发。

3 当面团再次醒发至2倍大，开启烘焙档38分钟。

4 土司烤好后立即取出放在烤架上凉凉后再切开。

🥄 Sarah碎碎念：

按说汤种土司应该用温水沏开少许面粉倒入锅中，小火加热至面糊状，再混合温水来和面、烤制面包。但偶尔发现用粘稠的粥来做效果也很好，而且杂粮在煮成粥的过程中已经软烂，再和入面粉里口感更佳。

奶酪香葱咸面包

🥄 所需食材：

除了烤土司所需的食材外，再准备一些马苏里拉奶酪丝、香葱、玉米和彩椒粒。

🍴 做法：

1 按照土司的步骤制作小面包的面团，摆放在马芬小蛋糕的模具中，用剪刀在顶部剪一个十字型，做二次醒发。

2 香葱切末用软化好的黄油拌匀，再撒些盐。还可以拌上一些玉米粒和彩椒粒。

3 醒发好的面团在表面铺上拌好的香葱蔬菜酱，送进已预热160摄氏度的烤箱。20分钟后取出面包，在表面再撒上马苏里拉奶酪丝，如果喜欢奶酪的味道可以多撒些。再次送进烤箱烤约10分钟即可。

🥄 这款奶酪香葱面包适合凉凉后马上品尝，隔夜后表面会略显干硬。

圣诞史多伦面包

🥄 **所需食材：**

一个基础面包面团，肉桂粉2克，各类果干，例如：葡萄干、蔓越
莓干、蓝莓干，各类坚果，例如：花生、杏仁片、核桃、南瓜籽。

🍴 **做法：**

1 将事先揉好的面团排气按压铺平，再将各类果干80克和各类坚果
80克均匀铺在面皮上，卷起，反复几次后进行第二次发酵。

2 烤箱预热150摄氏度。

3 将再次发酵好的面团表面筛面粉后送入烤箱，约烤35—40分钟。

4 取出凉凉后切片。

法 棒

🥄 所需食材：

高筋面粉400克，酵母8克，温水240毫升，盐1克，糖5克。

🍴 做法：

1　将酵母倒入温水10分钟，再与面粉、盐和糖混合揉成光滑面团。

2　待面团醒发至2倍大，从容器中取出，撒少许面粉，用手掌按压面团至较厚的面皮，再从一侧卷至另一侧并封口。

3　用锋利小刀在表面划出裂纹，放入烤箱做二次醒发。待法棒胚子再次发酵至原来的1倍大时预热烤箱200摄氏度。

4　用喷壶在法棒坯子表面均匀喷水后立刻放入烤箱中上层，烤约28—30分钟左右。

5　取出凉凉后切片。

豆沙卷

🥄 所需食材：

制作白面包所需面团1个，自制或市售红豆沙一小碗，全蛋1个。

🍴 做法：

1 当面团醒发至原来尺寸2倍大时取出，面板上撒少许面粉，将面团按压排气，再用擀面杖擀成厚度为3毫米左右的面皮。

2 将豆沙均匀地涂抹在面皮表面，从一侧卷至另一侧，封口。

3 整理面棍，使之从头至尾尽量保持一样厚度，用尖利小刀将面棍剖开，一分为二。

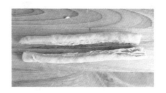

4 像拧麻花一样相互盘起来，再首尾相连，整理成型，做二次醒发。

5 打散1个全蛋，并将烤箱预热160摄氏度。

6 待面包坯子醒发好后表面刷一层蛋液，送入烤箱中层，设定时间25分钟。

7 在另外的烤盘中注入200毫升温水，25分钟后打开烤箱门，小心地放入烤盘，再次设定10分钟进行蒸汽烘烤。

8 取出成品后凉凉了掰着吃！

市售的豆沙有点儿太甜了。记得在北京时，超市里卖的某府豆沙棒，真是每次吃每次都可以没有悬念地被腻到。所以还是自己炒吧，香香的红豆和最终的成品不会令你失望的。再说了，红豆沙一次可以炒得多多的放在冰室里，制作各种点心时，随用随有。

布里欧修面包

🥄 所需食材：

高筋面粉500克，全蛋5个，酸奶油100毫升，黄油20克，酵母8克，糖20克，盐少于1克，杏仁片或南瓜子少许。

🍴 做法：

1 将除黄油和杏仁片以外的所有食材（取4个鸡蛋）放进面包机内胆或料理机和面10分钟，之后加入黄油继续揉30分钟左右，直至面团非常柔软。

2 将面团转移到容器中做第一次醒发，大约2小时后取出。

3 将面团分成3份，撒少许面粉揉成光滑面棍，再轻轻编成辫子状放在烤箱中做二次醒发。

4 大约2小时后取出面包坯，将烤箱预热170摄氏度。

5 打散剩余的1个鸡蛋，将蛋液轻刷在面包坯表面，撒少许杏仁片和南瓜子，入烤箱30分钟左右。

6 取出凉凉后切片或手撕。

冰淇淋面包

🥄Sarah碎碎念：

对于初学烤面包的人来说，冰淇淋面包恐怕最容易成功的一种了。除了烤箱部分，其他的甚至可以让小朋友参与操作，有无法拒绝的冰淇淋做主料的一部分，相信他们还是会跃跃欲试的。

🥄所需食材：

香草冰淇淋220克，高筋面粉150克，糖粉25克，泡打粉5克。

🍴做法：

1 室温软化冰淇淋至粘稠液体。

2 烤箱预热175摄氏度。

3 将泡打粉与高筋面粉混合倒入装有冰淇淋的大碗中，上下翻拌直至完全混合后倒入铺好烘焙纸的模具中，送入烤箱中层烤约20—25分钟表面金黄即可。

酸奶黄金面包

🥄 所需食材：

低筋面粉150克，玉米粉50克，酸奶100克，鲜奶油50毫升，全蛋4个，糖60克，盐1克，泡打粉20克。

🍴 做法：

1　烤箱预热170摄氏度，模具铺好烘焙纸。

2　将糖和全蛋低速搅打均匀。

3　依次加入面粉、玉米粉、酸奶、奶油、盐以及泡打粉，中速搅打至奶糊顺滑，倒入模具中静止5分钟。

4　将模具送入烤箱中层烤35分钟至表面金黄，冷却后切片。

🥄Sarah碎碎念：

　　本来想做一个酸奶蛋糕，但在妹妹的帮忙下实验成功了1个新品种。口感既有点像面包，也有点像馒头，因为加了3个鸡蛋吃上去也和蛋糕相似，配料中还用了些泡打粉，所以成品也有发糕的气孔。早上用一点点黄油煎了煎，爸爸说这是他喜爱的口感，即兴命名为"浪糕"！

很 糕

🥄 所需食材：

低筋面粉200克，芒果酸奶120克，全蛋3个，糖40克，盐1克，泡打粉15克，食用油20毫升。

🍴 做法：

1　将所有食材全部放进料理机里，调低速，大约搅拌1分半钟至面糊变顺滑。

2　烤箱预热165摄氏度，烤盘上放一些水。

3　模具里铺好烘焙纸，将静止一会儿的面糊倒入，送进烤箱烤大约35分钟。

4　出炉完全冷却后切片，直接食用更像馒头。

5　平底锅涂薄薄一层黄油，放入切片"很糕"，双面煎至金黄。

第四部分：点心

"二十三，糖瓜粘"。没错，按照中国的传统，腊月二十三这天要吃糖瓜，可是，我！不！会！做！想想要不做个牛轧糖吧，反正也是甜的。翻食物柜，发现没！奶！粉！好在妹妹解围建议烤个桃酥，打开冰箱幸亏有！猪！油！

是的，做桃酥，需要用到猪油。今天的猪油还是前几天烤培根时留下的，不多，所以按照猪油的比例配了面粉和其他食材，唯独糖的分量多过以注，不过，毕竟小年夜，要做一点甜得发齁的食物来应景。

桃　酥

🌰 所需食材：

面粉150克，猪油60克，红糖30克，巧克力粉10克，鸡蛋1个，泡打粉5克，盐少于1克，核桃30克。

🍴 做法：

1　猪油提前室温软化。

2　核桃掰成小碎粒。

3　取一个容器，将除了核桃之外的所有食材倒入，用刮板翻拌，最后加入核桃拌匀。

4　烤箱预热180摄氏度。

5　将一大勺面团揉成球状，在手掌上按扁，再用手指在桃酥坯中间按一个指印，放入铺了烘焙纸的烤盘中。

6　按照这个步骤将面团全部做成桃酥坯子。

7　将烤盘放入预热好的烤箱，180摄氏度烤20分钟。取出凉凉，变酥脆后食用。

● Sarah碎碎念：

　　熨斗，在北京每周都要用好几次，哪怕是闷热的桑拿天，哪怕是蒸汽熏得我大汗淋漓，也不能穿着带褶儿的衬衣出门。在纽村，这原本必要的小家电却一直搁置在车库的储物间里，连包装都还是朋友当时送来的样子。那天在YouTube上看到做蛋酥卷的视频，手痒痒，可是一想到只为偶尔做个蛋酥卷就要去买一台机器回来就觉得不划算，于是，熨斗被翻出来，登上了厨房的台面。

　　哦，对了，还要提醒大家一点，那就是想吃多少就做多少，或者做了多少就得吃掉多少哈，不然第二天就不酥脆了。

熨斗蛋酥卷

🥄 所需食材：

鸡蛋2个，糖50克，黄油25克，低筋面粉50克，玉米粉20克，盐1克，黑芝麻适量。

 做法：

1　隔水融化黄油，凉凉待用。

2　容器中将全蛋打散，加入糖、盐、黄油搅拌均匀。筛入面粉、玉米粉并加入黑芝麻，翻拌均匀成面糊。

3　面板上铺1张烘焙纸，盛2/3勺面糊放在烘焙纸中央，在面糊上再铺1张烘焙纸，用手将面糊摊薄，越薄越好。

4　熨斗开至熨棉质衣物的档位，在烘焙纸上熨烫15—20秒后将2张烘焙纸连带面皮整个翻面再次熨烫15秒，确定2张纸都能轻松与面皮分离为宜。

5　用筷子卷起面皮，层数不要太厚，卷得不要太近。

6　最后由下至上抽出筷子，凉凉变酥脆后食用。

7　如果由于天气原因或是面糊质地原因蛋卷没有酥脆，就放入烤箱中层，170摄氏度再烘烤10分钟即可。

棉花糖饼干

🥄所需食材：

饼干，巧克力，棉花糖，少许肉桂粉和红辣椒粉。

🍴做法：

1 在小碗中混合肉桂粉和红辣椒粉备用。

2 烤盘中铺烘焙纸，排放好饼干，每块饼干上放一小块巧克力，巧克力上撒微微一点点肉桂粉和红辣椒粉，再将棉花糖放在最上面。

3 烤箱预热180摄氏度，中上层烤3分钟。

萨琪玛

🥄 **所需食材：**

面粉100克，鸡蛋1个，盐少于0.5克，红糖50克，蜂蜜50克，清水30毫升，泡打粉少于1克，淀粉，食用油，黑芝麻，果干。

🍴 **做法：**

1　全蛋打入面粉中，加入盐和泡打粉，将面粉揉成相对光滑的面团，放在容器中醒30分钟。

2　面板上撒淀粉防粘，将面团擀成2—3毫米厚的面皮，再撒些淀粉，卷在擀面杖上，用刀从中间剖开，切成相对细的面条。

3　锅中倒入油，放入一根面条试验油的温度，当面条下入油锅后马上浮起，油温就比较适中。

4　分几次炸制面条，每次不要太多，入锅后最多炸半分钟，捞出沥油，盛入盘中，撒些芝麻和果干。

5　平底锅倒入清水和红糖，在糖融化前不要搅拌也不要晃动，以免结块。待糖全部融化滚开后转中火熬制糖浆。

6　用筷子蘸一点点糖浆在手指上，能拉出丝来时糖浆就煮好了，加入蜂蜜拌匀。

7　将糖浆倒入炸好的面条上，翻拌均匀。

8　烤盘中铺烘焙纸，倒入拌好的面条，铺平、压实，凉凉后切块。

🥄Sarah碎碎念：

　　这是我家姥姥、姥爷

喜欢的小零食。

Sarah碎碎念：

这是一种只要开始做就会想起机器猫和大熊的食物，而除了这种机器猫最爱的食物，让我印象深刻的还有让大熊吃得肚子滚圆的"记忆面包"。

铜锣烧

🥄 所需食材：

鸡蛋3个，低筋面粉100克，玉米粉20克，牛奶60毫升，白砂糖30克，蜂蜜10毫升，盐少于1克，酵母1克，自制奶油红豆馅适量。

🍴 做法：

1 在容器中打入3个鸡蛋，用蛋抽打散，陆续加入糖、盐、蜂蜜和牛奶继续搅拌。

2 过筛面粉及玉米粉。

3 把过筛好的粉类倒入蛋糊中搅打至顺滑无颗粒，加入酵母调匀，盖上保鲜膜静止20分钟。

4 不粘锅不放油，调中火，倒入20毫升面糊，烙不超过1分半钟，表面看到很多小孔后小心反面，再烙制不到半分钟即可。

🥄 两片甜饼中间夹奶油红豆馅，捏合周边，对切。

小熊抱坚果

🥄 所需食材：

黄油 50 克，细砂糖 25 克，面粉 100克，蛋黄 1 个，烘焙纸。

做法:

1　黄油室温软化,与面粉一起放入容器中,戴上手套把它们搓成均匀的颗粒。再加入蛋黄和细砂糖揉成光滑的面团。

2　放入冰箱冷藏室大约20分钟至面团变硬。

3　烤盘中铺好烘焙纸。20分钟后取出面团,稍稍回温后把面团擀成约0.5厘米厚的面皮,用饼干模具压出小熊轮廓或是喜欢的形状。

4　用尖头的筷子扎出小熊的眼睛和嘴巴,把喜欢的坚果放在它的胸前轻轻压一下,再将胳膊弯过来抱住坚果。或是用剩余的面团捏出小小的面球当作尾巴。

5　烤箱预热190摄氏度,将饼干胚子再次放入冰箱冷藏室10分钟。拿出后入烤箱最底层烤约12—15分钟表面金黄即可。

6　取出饼干放在通风处凉凉变脆后食用。

乳酪蓝莓冰皮月饼

冰皮月饼之冰皮

🥄 所需食材：

糯米粉50克，粘米粉50克，澄粉25克，糖粉50克，牛奶125毫升，炼乳25毫升，椰子油15毫升。

🍴 做法：

1 糯米粉、粘米粉、澄粉以及糖粉用室温的牛奶调开至没有颗粒，加入炼乳和椰子油拌匀并过筛。

2 将过筛好的面糊倒入盘子中，大火蒸25分钟。

3 蒸熟的糯米皮用筷子一道一道划开凉凉。

4 戴上手套，将糯米皮揉至光滑面团即可。

冰皮月饼之饼馅儿

🍴 所需食材：

奶油奶酪150克，蓝莓适量，糖粉50克，香草精几滴，柠檬汁5毫升。

🍴 做法：

1 将奶油奶酪室温软化后加入糖粉打发。

2 加入香草精、柠檬汁以及蓝莓拌匀。

3 将拌好的乳酪馅料等分，包入保鲜膜，拧成球状放入冰箱冷冻2小时即可。

🍴 包月饼：

1 将50克糯米粉倒入平底锅翻炒至微微泛黄，盛出做手粉用。

2 戴上手套，涂薄薄手粉，将蒸好的饼皮及调好的馅料按照自己月饼模具的大小等分成若干份。

3 取一份饼皮放在手掌，按压后用手指将边缘捏薄，捏成类似饺子皮的草帽状。

4 放一份馅料在饼皮中间，用另一只手的虎口处边转动月饼边缘边收口。

5 将手粉撒一点点在模具中，放入包好的月饼按压并倒扣脱模。

糯米豆沙炸糕

🥄 所需食材：

糯米粉200克，低筋面粉50克，细玉米面50克，糖25克，炒熟的豆沙馅儿或市售豆沙馅儿若干，酵母3克，泡打粉2克。

🍴 做法：

1 150毫升滚开的水烫熟50克糯米粉并搅拌均匀。

2 待米糊温度下降到40摄氏度以下，加入剩余糯米粉、低筋面粉、玉米粉、糖、酵母以及泡打粉搅拌后揉成光滑面团。面团的软硬度要比制作汤圆的面团稍硬一点，醒发1小时。

3 炒熟的豆沙馅拌入红糖，若使用市售豆沙要提前炒熟一些面粉拌入。

4 取一个盘子，刷一层油。

5 面团分成8—10个面剂子，取其中一个，按扁，将豆沙馅放在中间，如包汤圆一样慢慢收口，之后再压扁，摆在刷了油的盘子中。在表面用叉子扎几个小洞，以免炸制时馅料爆出。

6 锅中倒入油，烧到7成热，将炸糕的生胚放入，炸制微微鼓起两面金黄即可。

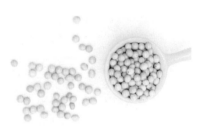

爹娘驴打滚

🥄 所需食材：

黄豆面（超市里卖的黄豆粉也可以）200克，糯米粉150克，水80毫升，泡打粉0.5克，豆沙100克。

🍴 做法：

1　开中火平底锅干炒黄豆面，要不断搅拌以免糊底，待颜色转为土黄色离火，凉凉备用。

2　糯米粉倒入容器，分几次加入水搅拌至浓稠状（比浆糊稀一点点就好），大火蒸7分钟。过程中要两次打开锅盖搅拌半熟的糯米糊，使周围以及表面快熟的部分和碗底不熟的部分混合，再盖上盖子继续蒸。

3　7分钟之后，拿出容器用筷子快速搅拌已经凝固的糯米团，使之出筋，凉凉备用。

4　铺一张保鲜膜，将豆沙铺在保鲜膜上，再对折保鲜膜，将豆沙擀成薄片备用。

5　在面板上撒上厚厚的黄豆面，将糯米团从容器中刮出，反复裹上黄豆面，并揿成长方形的面皮，此时的面皮不应粘手。

6　将豆沙平铺在面皮上，从一侧开始卷成豆沙卷，整形，在表面再撒上过了筛的黄豆面，切块装盘即可。

7　食用时可准备糖桂花做蘸料。

玫瑰苹果派

🥄 所需食材：

酥皮2张，大红甜苹果1个，黄油50克，柠檬
半个，果酱、糖粉及肉桂粉少许。

  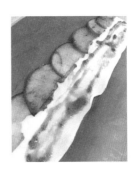

做法：

1　室温软化酥皮，苹果洗净、去核、切薄片。

2　平底锅放10克黄油，开中火，将苹果片入锅双面煎软，出锅前加柠檬汁和肉桂粉。以此方法将所有的苹果片煎软并盛入盘中凉凉备用。

3　取一张软化好的酥皮，擀薄，等分成6份长条状，将凉凉的苹果片一片叠一片地码在酥皮的上方，再在酥皮下方涂抹薄薄的果酱，由下至上折叠、按压。从一侧卷至另一侧，整理一下花瓣后放在烤盘上。

4　将所有玫瑰苹果派卷好后入冰箱冷藏室10分钟，此时烤箱预热190摄氏度。

5　10分钟后将玫瑰苹果派从冰箱取出立即放入烤箱中下层，烤约35分钟至玫瑰片表面焦黄为宜。

6　取出放在烤架上表面筛糖粉装饰。

第五部分：蛋糕

超级好学的黑巧蛋糕

🥄 **所需食材：**

黑巧克力120克，黄油30克，全蛋2个，低筋面粉120克，酸奶油50克，红糖30克，可可粉20克，泡打粉2.5克，苏打粉1克，盐1克，肉桂粉1克。若不是小朋友吃还可加入朗姆酒1毫升，微辣的红辣椒粉少许，不超过0.5克。

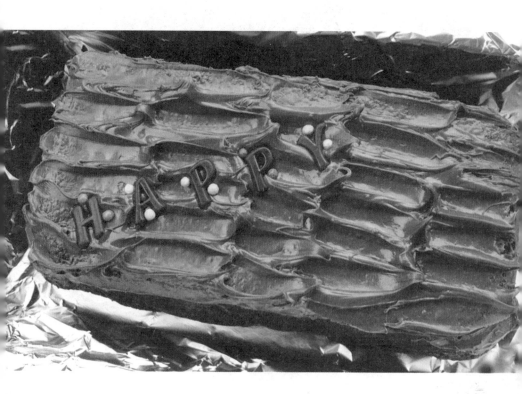

做法：

1 将切成小块的黑巧克力、黄
油、酸奶油、红糖、可可粉、辣椒
粉、盐、肉桂粉以及朗姆酒倒入一个
大一点的容器中，隔水加热直到所有
食材混合，待温度降低后逐个加入鸡
蛋并拌匀。

2 将低筋面粉、泡打粉以及小
苏打过筛备用，此时预热烤箱160摄
氏度约10分钟。

3 将过筛好的面粉混合物分3
次拌入巧克力鸡蛋糊中，请用上下翻
拌的方法而尽量杜绝画圈搅拌以避免
出筋。

4 模具中铺好锡纸，将蛋糕糊
倒入并送入烤箱中层约烤35分钟。

5 烤好的蛋糕用牙签在中心位
置插入再拿出来，如果牙签干净说明
蛋糕完全熟了。

🍴 烤好的蛋糕不宜马上食用，凉凉后要放在蛋糕盒中至少12小时，
这期间蛋糕会有类似月饼一样的回油过程。吃的时候淋上巧克力酱或是
撒些糖粉，又或者喷上奶油就更好了。

酸奶奶油芝士免烤蛋糕

🥄 **所需食材：**

奶油芝士（奶酪）250克，
酸奶油70克，黄油50克，柠檬
2片，糖50克，香草精几滴，原
味或蜂蜜味道或香草味道的酸奶
50克，消化饼干1袋，无花生粒
的花生酱50克。

🍴 **做法：**

1 隔水软化5克的花生酱备用。

2 用打磨机将消化饼磨碎，隔水软化黄油和45克的花生酱拌入消化饼中。

3 找出模具，中间铺好锡纸，将拌好的消化饼碎实实在在地压在模具底部，要压紧实。

4 取一个大的容器，将室温软化好的奶油芝士（奶酪）加入柠檬汁和糖用打蛋器打发，然后拌入酸奶油和香草精继续搅打，最后拌入酸奶。

5 将拌好的奶酪糊均匀地倒在被压实的消化饼上，轻敲几下。

6 把刚刚软化好的5克花生酱糊均匀地洒在奶酪糊表面，用叉子随意在花生糊条纹中间勾勒，即可形成表面的图案。

🥄 如果不喜欢花生酱的味道，可以不必添加，画图案时也可以用果酱代替。

瑞士芝士卷

🥄蛋糕部分所需食材：

全蛋4个，黄油40克，柠檬汁5毫升，香草精，细砂糖60克，酸奶油50毫升，低筋面粉60克，盐1克，泡打粉1克。

🍴做法：

1　分离蛋白与蛋黄，再将10克糖加入蛋黄中搅拌至砂糖完全融化蛋液也变粘稠。

2　分别加入隔水融化的黄油、酸奶油和香草精并搅拌。

3　过筛面粉、盐和泡打粉，加入刚刚的蛋黄糊里用橡皮刮刀翻拌至顺滑无颗粒。

4　在蛋白中加入柠檬汁，用电动打蛋器打匀，分3次加入50克糖并打至发泡（不用打至硬性发泡，当细腻白色的蛋白糊可以在容器内缓缓流动最好）。

5　预热烤箱165摄氏度。

6　将1/3蛋白糊拌入蛋黄糊中，上下翻拌至完全混合，再倒入剩余的蛋白糊中继续翻拌。注意不要画弧搅拌，否则面糊很容易消泡。

7　将翻拌均匀的面糊倒入铺好烘焙纸的烤盘中，面糊的高度不要超过1厘米，上下振动两次以排除蛋糕中的多余起泡。送入烤箱烤大约25分钟。

8　蛋糕取出趁热脱模，双面盖上烘焙纸轻轻卷起，凉凉备用。

马斯卡彭奶酪100克，酸奶油50克，鲜奶油100毫升，柠檬汁10毫升，香草精几滴，糖粉30克，草莓或蔓越莓果干少许。

🍴做法：

1　将奶油倒入干净的容器，加入糖粉、柠檬汁和香草精，用电动打蛋器打发至浓稠，分别加入马斯卡彭奶酪和酸奶油继续搅打至完全顺滑。

2　草莓切片备用。

3　将晾好的蛋糕卷打开，除去烘焙纸，涂抹混合好的馅料，摆放些草莓片或是蔓越莓果干，再一次轻轻卷起，用新的烘焙纸包裹严实，送入冰箱冰3小时后取出切块。

无生鸡蛋版提拉米苏

🥄 所用食材:

马斯卡彭奶酪400克,奶油100克,糖粉50克,手指饼干1—2包,咖啡一小袋,香草精、意大利甜酒或朗姆酒、柠檬、可可粉。

 做法:

1　室温软化奶酪和奶油,加入糖粉在容器中用电动打蛋器打至顺滑无颗粒。

2　陆续加入5毫升柠檬汁,几滴香草精、几滴甜酒或是朗姆酒并翻拌均匀。

3　取一个容器,如不打算脱模就直接摆放饼干;如果需要脱模就在模具中铺好烘焙纸,备用。

4　开水冲泡一袋咖啡,手指饼干单面浸满咖啡之后按照自己模具的形状整齐地摆放在模具中。

5　在摆好的饼干上铺一层奶酪糊,再铺一层浸了咖啡的饼干,最后再铺一层奶酪糊。

6　将表面摸平,插几根牙签,盖上锡纸放入冰箱冷藏室冰至少5小时后食用。

布朗尼芝士蛋糕

🥄 布朗尼部分所需食材:

巧克力100克,黄油30克,酸奶油25克,香草精2毫升,面粉80克,全蛋2个,糖30克,盐1克,辣椒粉0.5克,肉桂粉2克,泡打粉2.5克,小苏打1克。

🥄 芝士部分所需食材:

奶油芝士(奶酪)120克,全蛋1个,糖30克,黄油20克,面粉10克,柠檬汁5克,香草精1毫升。

🍴 做法:

1 巧克力切碎与黄油和白砂糖一起隔水加热,凉凉后逐个加入全蛋并搅打,之后滴入香草精。

2 筛入面粉、盐、肉桂粉、辣椒粉、小苏打及泡打粉,用蛋抽翻拌至细滑无颗粒。

3 烤盘中铺锡纸,留出一大勺巧克力糊,其余倒入烤盘中,铺匀备用。

4 预热烤箱165摄氏度,烤盘中放入半厘米高的水放入中下层。

5 室温软化奶油芝士(奶酪)和黄油,加入全蛋和糖之后用电动打蛋器打发,滴入柠檬汁和香草精后继续打发半分钟,最后筛入面粉搅打均匀。

6 将乳酪糊倒在刚刚的巧克力蛋糕糊之上,再将剩余的一大勺巧克力糊分几点滴在乳酪糊表面,再用叉子轻轻勾勒出图案。

7 送入烤箱水浴烘烤50分钟即可。

水果芝士挞

塔皮2张，黄油20克，奶油芝士120克，酸奶油50克，糖粉50克，柠檬汁5毫升，香草精1毫升，各色水果若干，活底烤盘。

🍴 做法：

1 室温软化塔皮，擀至5毫米厚，铺在烤盘中压实，表面用叉子扎孔，以免烘焙时鼓起。

2 将铺好塔皮的烤盘放入冰箱冷冻室再次冷冻15分钟，预热烤箱220摄氏度。

3 15分钟后将冷冻好的塔皮送入烤箱中下层烘烤12分钟，待表面金黄略发褐色时取出，凉凉。

4 室温软化黄油、奶油芝士和酸奶油，加入糖粉用电动打蛋器打发，再加入柠檬汁、香草精继续搅打几下。

5 将乳酪糊倒入凉凉的塔皮上，表面涂匀送入冰箱冷藏室1小时。

6 水果切片，规则地码放在乳酪糊上即可。

用饼干做蛋糕——免烘焙哦

 所需食材：

酥脆的正方形或长方形饼干1包，马斯卡彭奶酪250克，酸奶油25克，奶油25克，柠檬半个，蔓越莓果干少许，糖粉30克，锡纸、塑料袋以及烘焙纸。

做法：

1　将锡纸铺在模具中，四周及底部都要铺平。在底部再铺一张烘焙纸，以免切成品时刀子会划破锡纸。

2　将马斯卡彭奶酪倒在容器中，加入糖粉，用打蛋器打发，之后挤入柠檬汁，拌入酸奶油和奶油继续打发，待芝士糊打发至粘稠状，加入蔓越莓果干拌匀。

3　在烘焙纸上码放一层饼干，铺上一层芝士糊，可以铺得厚一些。再放一层饼干，之后再铺一层奶酪糊，尽量将奶酪糊表面铺平。

4　将剩余饼干放在塑料袋中擀成碎撒在奶酪糊上。

5　放入冰箱冷藏5小时后再食用。

 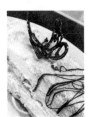

巧克力围栏蛋糕

🥄 所需食材：

牛奶巧克力或黑巧克力150克，1个蛋糕坯子，水果若干，糖粉。另外还需准备裱花袋、烘焙纸以及胶条。

🍴 做法：

1　巧克力隔水融化，离火稍稍冷却，装入裱花袋备用。

2　烘焙纸裁下与蛋糕周长一样，高度高出蛋糕的尺寸，拿起裱花袋在烘焙纸上从上至下挤出类似心电图的纹路。

3　反复几次将巧克力的纹路覆盖得厚一些，室温晾至半凝固，也就是手指尖摸上去不太粘手但还是微软的状态。

4　将整张烘焙纸贴在蛋糕的周围，用一小小的胶带固定，待巧克力完全凝固，慢慢撕下烘焙纸即可。

巧克力草莓挞

🥄 **所需食材：**

饼干一大包，黄油50克，巧克力250克，鲜奶油100毫升，新鲜草莓。

🍴 **做法：**

1 为了方便脱模，先在烤盘周边及底部涂抹黄油。

2 隔水融化50克黄油以及巧克力备用。

3 用搅拌机将饼干打碎，或是将饼干放入保鲜袋用擀面杖压碾至细碎，拌入融化的黄油搅均匀，铺在烤盘上，用勺子压实（这里使用的饼干可以是不太甜的消化饼，也可以是奥利奥）。

4 将鲜奶油煮开，浇在融化了的巧克力上，从下至上不停翻拌，直至奶油与巧克力完全融合并且质感细腻，凉凉备用。

5 草莓洗净、擦干、对半切。

6 将晾好的奶油巧克力倒在饼干坯上，晃动一下使之均匀，再将草莓码放表面，入冰箱冷藏室5小时后食用。

🥄Sarah碎碎念：

　　鲜红诱人、酸甜多汁的草莓，搭配上浓稠的巧克力浆，冷藏之后，就变成了一款颜值超高、口感细腻、制作简单且成功率超高的美味点心。

免烤双色乳酪蛋糕

奶油奶酪250克，酸奶油150克，鲜奶油200克，糖粉50克，鲜柠檬几片，草莓3个，消化饼1包，黄油20克。

🍴 做法：

1 室温软化奶油奶酪，隔水融化黄油备用。

2 消化饼倒入搅拌机高速打碎，倒入融化好的黄油继续搅打半分钟。

3 活底模具底部铺烘焙纸，将饼干碎倒入，用勺子背压实铺匀。

4 鲜奶油加入糖粉用打蛋器打发，挤入柠檬汁，再倒入奶油奶酪和酸奶油继续搅打至完全顺滑。

5 乳酪糊分装在两个容器中，将草莓打碎拌入其中一份奶酪糊中，缓慢倒在铺了饼干的模具中，用勺背抹均匀。

6 在草莓乳酪糊上再铺上一层白色的乳酪，一样用勺背抹平，盖上保鲜膜入冰箱冷藏室保存过夜。

复烤蛋糕

所需食材：

隔日蛋糕或是不太成功的蛋糕1个，核桃若干，奶油70毫升，黑巧克力100克。

做法（一）：

1 将蛋糕切成小块，铺在烤盘中，表面撒核桃。

2 烤箱预热200摄氏度。

3 将蛋糕块放入烤箱中层，烤约15分钟。

4 取出晾一会儿，蛋糕块会变得外酥内软，并且恢复香气，配上烤酥的核桃，当作下午茶也不错。

做法（二）：

1 如果想再有些变化，可以隔水温热奶油，将巧克力切碎放入，搅拌至顺滑，倒在复烤过的蛋糕块上翻拌。

2 取一个容器，铺好烘焙纸，倒入蛋糕块，按压紧实，并将表面抹平，送入冰箱冷藏室5小时以上。

冷藏好的蛋糕，因为复烤时加入核桃，口感上很有层次感，很像布朗尼。又因拌入巧克力酱后冷藏，也有点儿巧克力软糖的口感。

🥄Sarah碎碎念：

蛋糕放进冷藏室储存到第三天的时候水份流失、香气减弱，扔掉实在浪费，硬要吃的话又丧失了甜品应该有的口感。其实不光是隔日蛋糕，有时出炉后很快塌陷的蛋糕吃起来口感也欠佳。今天发两个小方子，用来改变以上两种蛋糕的口感。

第六部分：甜品

　　女儿出生后一直没有吃过糖，任何口味、任何形式的都没尝试过。直到她1岁多的时候，恰逢过年，我们带着刚刚会走的她去朋友家做客，朋友从招待我们的点心中拿起一点点芝麻糖放在女儿的小嘴巴里，她的眼睛一下子就亮了。虽然那时她还不大会说话，但她的表情明显是在说：世界上居然有这么好吃的东西！

　　接下来的时间里，她就嘴里含着这一点点糖，一直围着茶几转圈儿，甚至还有几次想把小手伸进嘴里，然后大概是忽然想起我不允许她这样做，又赶紧把手放下。看来，第一次品味到的甜和诱人的芝麻糖已经让她手足无措了。

蜂蜜芝麻糖

🥄 **所需食材**：

黑芝麻100克，白芝麻100克，即食麦片50克，60克红糖，60克蜂蜜，10毫升水，5毫升椰子油。

🍴 **做法**：

1 黑芝麻、白芝麻和麦片在平底锅内烤香，凉凉备用。

2 锅中倒入糖和水，开大火，不要搅拌，等糖融化后倒入蜂蜜再搅拌，转中火但要保持糖浆滚开的状态。

3 用一个小碗倒入冷水，滴一滴糖浆在水里，糖浆迅速凝结为较硬的糖片时就可以关火了，这时的糖浆粘稠度刚刚好。

4 在糖浆中加入椰子油等融化。

5 倒入烤好凉凉的芝麻与麦片，快速翻拌后倒在烘焙纸上，擀成薄片后趁热切出喜欢的形状入冰箱冷藏。

Sarah碎碎念：

自己做过这么一杯热巧之后，

你确定还能喝得下外面那些用巧克

力粉加开水兑给你的吗？

热热的巧克力

所需食材：

黑巧克力30克，全脂牛奶120毫升，奶油5毫升，肉桂粉不超过0.5克，红辣椒粉少许，量为肉桂粉的1/3，香草精与红辣椒粉等量。

做法：

1 隔水融化巧克力备用。

2 牛奶与奶油倒入锅中煮开后关火，加入肉桂粉、辣椒粉、香草精搅拌至无颗粒。

3 加入融化好的巧克力，用蛋抽搅拌至顺滑。

4 倒入杯中，表面撒少许巧克力碎。

坚果能量棒

250克各类坚果，50克蜜枣，50克各类果干，120克蜂蜜，20毫升炼乳，20毫升花生酱，150克巧克力，20克黄油，肉桂粉、食用油。

🍴 做法：

1 烤盘上铺烘焙纸，淋少许食用油，薄薄的铺上一层坚果，撒少许肉桂粉，与烤盘底层的食用油混合在一起。

2 入烤箱中层180摄氏度烤15分钟至表面金黄，凉凉备用。

3 将蜜枣以及大粒的坚果切碎并混合果干。

4 隔水融化花生酱。将花生酱、蜂蜜和炼乳倒入盛有坚果和果干的容器，用勺子或塑料刮板努力拌匀。

5 烤盘中铺烘焙纸，将所有食材倒入并铺匀，再盖上一层烘焙纸，用勺子或擀面杖将表面压实，放入冰箱冷藏室2小时。

6 隔水融化巧克力和黄油。

7 将冷藏好的坚果排取出，表面淋上巧克力酱，再入冰箱冷藏3小时，取出切块即可食用。

巧克力坚果软糖

🍴 所需食材：

黑巧克力150克，花生酱100克，各类烤熟的坚果若干，炼乳50毫升，盐0.5克。

🍴 做法：

1 坚果提前烤熟并压碎。

2 隔水融化巧克力和花生酱，稍凉凉后拌入坚果碎，最后加入炼乳。加入炼乳后巧克力酱会瞬间变得粘稠。

3 准备好一个容器，铺好烘焙纸，将拌好的巧克力坚果酱倒入容器铺匀、压实。

4 表面再盖上一层保鲜膜入冰箱冷藏室冷藏过夜或至少冷藏5小时以上。

5 冷藏好的巧克力软糖室温回软15分钟后切块。

🍴巧克力坚果软糖食用时口感应当是微粘的，不是很甜，有浓郁的巧克力香和坚果香。

生巧克力脆饼

🥄 所需食材：

　　一个饼干面团，黄油25克，花生酱50克，另花生酱20克，黑巧克力250克，鲜奶油250毫升。

🍴 做法：

1　饼干面团擀成与烤盘大小一致的面皮，送入冰箱冷藏室冰10分钟，此时预热烤箱200摄氏度。

2　10分钟后取出面皮送入烤箱下层烤12分钟，取出凉凉。

3　隔水融化黄油备用。

4　将烤好凉凉的大饼干掰成小块放入料理机，加入融化好的黄油以及50克花生酱高速搅打均匀。

5　烤盘中铺烘焙纸，将打匀的饼干碎倒入，用勺背铺平并按压紧实，厚度不超过1厘米，放入冰箱冷藏。

6　小锅中倒入250毫升鲜奶油，煮沸后关火，将黑巧克力掰成小块放入奶油中不断搅拌，直至光亮顺滑。

7　隔水融化20克花生酱备用。

8　将饼干底从冰箱取出，表面倒入巧克力浆，再将融化的花生酱用小勺盛出零星点撒在巧克力表面，用叉子随意翻挑出花纹。

9　再次送入冰箱冷藏5小时后切块。

一位挚友最怕看我吃巧克力，每次我吃得浪陶醉的时候她一定是拧着眉毛、瞪着眼睛的，仿佛在我细细品味的同时她也被一次又一次地腻到。就是对大多数巧克力都这样"苦大仇深"的她，二十八年来辗转3个城市生活，却始终钟情于甘纳许……

甘纳许巧克力

🥄 所需食材：

黑巧克力150克，鲜奶油70克，肉桂粉1克，干红辣椒1克，朗姆酒或白兰地少许。还要准备巧克力模具，裱花袋。

🍴 做法：

1 隔水融化黑巧克力，水的温度不要高过40摄氏度，要不停搅拌，使温度均匀。

2 再隔水加热鲜奶油，水温差不多在50摄氏度左右。

3 将热奶油倒入融化好的黑巧克力中，搅拌至光亮顺滑。

4 将奶油巧克力液体倒入裱花袋，再挤入模具中，入冰箱冷藏室5小时以上。

第七部分：冰品

🥄Sarah碎碎念：

　　那天去采摘园摘了8公斤的优质草莓，回来的当天就干掉了1公斤，甜得简直不真实！然后又做了冰淇淋，其他的已经第一时间冷冻起来。红红的草莓被分装在12个保鲜袋里，光是看上去就让人觉得很满足。今天太阳很大，打完高尔夫的午后正是吃冰淇淋的好时候，将之前做好的冰淇淋从冰库中取出，满怀期待地等待它回温……

草莓冰淇淋

🥄 所需食材：

新鲜草莓600克，奶油300毫升，炼乳150毫升，糖粉50克。

🍴 做法：

1 新鲜草莓洗净、晾干，入冰库冷冻2小时。

2 搅拌机里倒入奶油和冷冻好的草莓，由中速到高速搅打至完全顺滑。

3 加入炼乳和糖粉继续搅打至顺滑、无颗粒。

4 将打好的草莓冰奶糊倒入塑料容器，盖好盖子入冰库冷冻至少6小时。

5 取出，室温下回温半小时即可食用。

草莓思慕雪

🥄Sarah碎碎念：

夏天，最先出现的，也是最受大家欢迎的应季水果之一——草莓陆陆续续出现在了人们家里。喝思慕雪时，挑出一两个又大又完整的草莓切成片，贴在玻璃杯内侧，马上就觉得思慕雪变得更加好喝了！当然，这并没有什么其他的用处，甚至当你享用完这杯思慕雪后，这些草莓片片就被浪费了……呃……还有哦，如果你家有一个较真儿又缺乏耐心的处女座，那这个步骤还是省省吧！

🥄所需食材：

市售草莓2盒，椰子酸奶（或草莓酸奶），牛奶、原味冰淇淋、巧克力。

🥄做法：

1 将2个草莓切成薄片贴在玻璃杯内侧。

2 用勺子刨些细碎的巧克力备用。

3 其他草莓对半切，入冰箱冷冻室半小时后取出倒入搅拌机，加入250毫升椰子酸奶，两大勺冰淇淋，100毫升牛奶搅拌至顺滑。

4 将搅拌好的思慕雪缓慢倒入贴了草莓薄片的杯子中，表面撒巧克力碎。

新鲜草莓奶

🥄 所需食材：

新鲜草莓200克，牛奶350毫升，奶油10毫升，糖粉15克。

🍴 做法：

1　新鲜草莓冷冻2小时以上，倒入搅拌机高速搅打至糊状。

2　依次加入糖粉、牛奶和奶油再次搅打至顺滑即可装杯。

🥄Sarah碎碎念：

纽村的夏季是个采摘的好季节。将朋友们接二连三送来的新鲜、个大、味甜的草莓，逐个小心清洗、晾干、裹糖，排在盘子里冷冻过夜后再放进保鲜袋，这样冷冻的草莓回温后会最大程度地保留最初的味道。

用冷冻的草莓自制草莓奶后你会发现，原来新鲜的草莓奶并不是那么漂亮的淡粉色，而是出乎意料地有些发紫。还有我家的小朋友，她对新鲜食材的敏感度简直高得难以想象，这种刚做出的草莓奶是最受她欢迎的！每次她都会捧着一大杯，喝得肆意而满足。

熊熊巧克力脆皮冰淇淋

所需食材：

巧克力100克，冰淇淋一小盒。

做法：

1 巧克力隔水融化，用勺子舀进硅胶模具中，前后左右晃动，以填满整个模具的侧边。

2 将剩余的巧克力倒出来之后再倒扣模具几分钟，再入冰箱冷冻至成型，这样可以保证巧克力外皮尽可能厚度一样。

3 冰淇淋提前拿出来融化一会儿，填进模具八分满，再入冰库冷冻。

4 最后用巧克力液体封口再冷冻就可以脱模了。

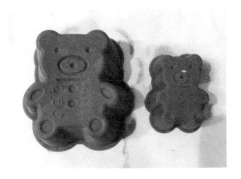

燕麦绿豆沙与绿豆冰

🥄 所需食材：

绿豆100克，麦片50克，玉米粉20克，鲜奶油150毫升，炼乳30毫升，糖20克。

🍴 绿豆沙做法：

1　绿豆加1000毫升水煮至软烂，盖上盖子焖1小时。

2　拌入即食麦片、鲜奶油、炼乳和糖再煮几分钟，大火收汁至粘稠。

3　留出两小勺有大颗粒的绿豆糊，其余全部倒入搅拌机高速混合至顺滑装碗即可。

绿豆冰做法：

1 将绿豆糊加入玉米粉再次搅拌至顺滑。

2 取冰棍模具，将预留的大颗粒绿豆糊平分在每一个模具的最下方，再倒入顺滑的绿豆糊，入冰库冷冻过夜。

第八部分：酱料

川式辣酱

🥄 所需食材：

泰国干辣椒一碗（如果在国内可以买红干辣椒和二金条），花椒一小碟，食用油，韩国辣椒粉，葱、姜、八角、肉桂。

🍴 做法：

1 干辣椒倒入锅内干煸，不停翻炒至变色，放入盘中凉凉备用。

2 花椒倒入锅内干煸出香味，也放入盘中凉凉备用。

3 将煸好的干辣椒和花椒倒入打磨机磨碎成粉。

4 锅中倒入250毫升食用油，油温五成热时放入八角、肉桂，七成热时放入葱姜炝出香味后关火并沥出葱油。

5 将1/3辣椒与花椒的混合粉倒入热葱油中搅拌均匀，5分钟后再将1/3粉末倒入继续搅拌，最后当葱油变得温热时将最后1/3粉末倒入搅拌。

6 调好的辣椒酱凉凉存放在罐子里，第二天就可以吃了。

油泼辣子

🥄 所需食材：

干红辣椒75克，韩国红辣椒粉15克，花生25克，白芝麻25克，食用油500毫升，花椒、八角、肉桂、盐、糖、醋少许。

🍴 做法：

1　将花生和干红辣椒分别用搅拌机打碎。

2　找一个大一点的容器，将辣椒粉、花生碎、韩国辣椒粉、盐、糖和一半的白芝麻依次倒入，拌匀。

3　锅烧热，倒入油，加入花椒、八角、肉桂，中火炸两分钟之后捞出，剩下的油大火继续加热一分钟。

4　离火后稍稍冷却，将1/3的热油淋在辣椒粉中，搅拌均匀。之后再加入剩下的一半白芝麻，第二次淋热油并搅拌。

5　让油凉几分钟后将剩下的1/3的油全部淋在辣椒粉中。

6　准备5毫升陈醋，用小勺顺着碗边滑入辣子中，彻底翻拌，凉凉后装瓶。

🥄Sarah碎碎念：

超市里的各种果酱，都比不上自制的奶油莓子酱。

奶油莓子酱

🥄 所需食材：

各类新鲜莓子，如草莓、蓝莓、树莓等，约250克。糖粉15克，鲜奶油50毫升，原味酸奶。

🍴 做法：

1　将各类莓子洗净晾干冷冻2小时以上备用。

2　将糖粉及冷冻水果放入搅拌机，中速搅打成果泥，再倒入奶油用中高速搅打至粘稠。

🥄 如果想吃莓子酱拌酸奶，只需准备一份原味酸奶，将搅打好的奶油莓子酱淋在酸奶上即可。

Sarah碎碎念：

自己熬过炼乳后才
知道，原来之前每次在
餐馆用金银馒头蘸炼乳
时其实多半是在蘸糖。
我这次熬煮炼乳中加的
是没有精炼的砂糖，所
以成品也不是纯白色，
但是无损口感哦。

无添加炼乳

🥄 所需食材：

全脂牛奶500毫升，糖250克，黄油5克，鲜柠檬汁2毫升。

🍴 做法：

1 牛奶和糖倒入深锅中，开大火煮沸后转中火，边熬煮边搅拌，火力大小以牛奶不溢出为宜。

2 熬煮40分钟左右直至粘稠。

3 关火前加入柠檬汁和黄油。

📍自己制作的炼乳中不含添加剂，所以冷藏后会凝固，食用前室温回温一下就可以了。

我们都不能保证，从超市搬回冰箱的所有食材都能在超过保质期前被我们放进肚子里，那么，我们就要想一想怎么能延长保质期，怎么能最大限度地减少浪费。黄油当然也是会过期的，那么，与其想着一定要过保质期前把它吃掉，你有想过自己打黄油吗？

黄　油

🥄 所需食材：

奶油，还需要准备厨师机或电动打蛋器、刮板、手套等厨房用具。

🍴 做法：

1　将奶油倒进一个较深的容器中，用电动打蛋器快速档搅打，奶油会在1分钟之内由液体变为粘稠状再到小颗粒状。

2　转低速继续搅打，慢慢会看到容器底部有液体析出。

3　用刮板将黄油聚拢，倒掉液体。

4　向黄油注入清水，戴上手套抓揉一会儿。

5　尽量挤干黄油中的水份，放在容器里或是用保鲜膜包好储存。

🥄 第一二步如果用厨师机操作会更好，电动打蛋器搅打奶油至粘稠后抓握感不是很好。

三明治淋酱

所需食材：

奶油奶酪250克，鲜奶油100毫升，糖霜50克，鲜榨柠檬汁20毫升。

做法：

1　室温软化奶油奶酪。

2　用电动打蛋器打发鲜奶油，加入软化好的奶油奶酪、糖霜以及柠檬汁，高速搅打至顺滑。

3　将搅打好的抹酱放入洗净并晾干的罐子中入冷藏室可以保存一周左右。

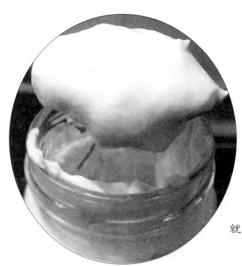

🥄Sarah碎碎念：

新鲜的酸奶油制
作过程十分简单，只需
要3种食材和1个密封罐
就可以完成。

新鲜的酸奶油

🥄 所需食材：

奶油150毫升，1/3个柠檬，牛奶80毫升。

🍴 做法：

1 将密封罐洗净、晾干。

2 倒入奶油，将鲜柠檬汁挤
入，搅拌均匀。

3 再倒入牛奶，拧好盖子，上
下晃动使罐子里的液体充分融合。

4 打开盖子，在瓶口盖一张厨
房用纸，用皮筋固定，放在房间阴凉
避光处室温发酵24小时。

5 24小时后会看到瓶底析出的
液体，用干净的勺子搅拌均匀即可。

6 拧好瓶盖入冷藏室可以保质
1周左右。

纯纯芝麻酱

🥄 所需食材：

白芝麻250克，红糖50克，盐1克，芝麻油50毫升，食用油50克。

🍴 做法：

1. 白芝麻放入平底锅中火翻炒至微黄。

2. 红糖放入料理机高速研磨成红糖粉，加入炒熟的芝麻再次高速研磨3分钟直至成粉。

3. 最后加入盐、芝麻油以及食用油中速调匀即可。

第九部分：小朋友下厨房

🥄Sarah碎碎念：

我家哥哥差不多9岁时第一次煮面。

不记得那天我们为什么会那么忙，忙到连做饭的时间都没有，于是大家想都没想就拿起电话准备叫餐。哥哥见此情景，果断决定要为全家煮面，再配上从姥姥家带来的炸酱大家凑合一顿。

爸爸鼓励，我不反对。

可是几分钟后我们走进厨房，看到的却是一锅温水里支棱着厚厚一把挂面，再转眼看哥哥，他一脸的无辜……

之后想想，小朋友是该在适当的年龄，在安全的前提下走进厨房，参与下厨。就像我们小时候一样，在小学毕业前怎么着也能自己为自己糊弄出一餐饭才行啊！

电饭煲煮绿豆粥

🥄 所需食材：

绿豆半小碗，水1升。

🍴 小朋友做法：

1 从柜子中取一包绿豆和一个小碗，倒入半小碗绿豆，淘洗干净，放入电饭煲。

2 滤水壶灌满水，等待。

3 将滤好的水（接近1升）倒入电饭煲，按下煮粥键即可。

电饭煲菠菜鸡蛋面

所需食材：

菠菜2棵，鸡蛋1个，面条一小把，猪油、香油、生抽、番茄酱少许。

  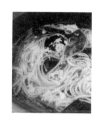 

🍴 小朋友做法：

1 将菠菜洗净，用手掰成小段。

2 鸡蛋打散。

3 电饭煲注入1升水，盖好盖子，按下煮饭按钮。

4 待水开后轻轻打开锅盖，让蒸汽散一会儿。放入面条，用筷子搅拌，盖上盖子煮5分钟左右。

5 再次打开盖子，放入菠菜，搅拌一下，仍然需要盖上盖子煮5分钟。

6 之后再倒入鸡蛋，搅拌，盖上盖子后按停止键焖3分钟。

7 小碗里倒入一点生抽、香油、番茄酱，再用小勺盛一点点猪油。

8 用筷子将煮好的面小心地盛入碗中，拌一拌就可以开动了。

心形巧克力

🥄 所需食材：

巧克力150克，装饰糖粒少许。还需要巧克力心形模具1个，裱花袋1个，杯子1个，夹子1个，剪刀1把。

🍴 小朋友做法：

1 取一个小瓷碗，将巧克力掰成小块放在碗中。

2 电饭煲注入一小碗水，按下煮饭键。水开后打开盖子，并且按下停止键。

3 待水不再沸腾后将装有巧克力的碗小心地放入电饭煲，不要盖锅盖。

4 拿出模具，坐一旁耐心等待。

5 差不多5分钟后，用小勺搅拌巧克力，使之受热均匀些，再等待几分钟后取出小碗，擦干碗底的水。

6 裱花袋放入杯子，将袋口套在杯子口，将巧克力倒入裱花袋，顶部拧一拧用夹子夹住，凉一凉。

7 将裱花袋尖尖部向上，用剪子剪一个小口，这时请小朋友要注意不要捏袋子。

8 将裱花袋里的巧克力缓缓滴入模具中，将模具上下震几下，放在室温几小时后凝固成型。

意大利香肠饭

🥄 所需食材：

小朋友最爱的意大利切片香肠，樱桃小番茄10个，小油菜1棵，1杯大米（约150克），再抓一点点小米搭配。

🍴 小朋友做法：

1 将油菜叶一瓣一瓣剥下来，和小番茄一起洗净。

2 将大米和小米用清水淘洗两遍，倒入电饭煲，加入半壶水，约半升（可过滤一升水的水壶），将香肠一片一片铺在米上，在将樱桃小番茄倒在香肠上，按下煮饭键耐心等待。

3 当煮饭按钮弹起，小心打开锅盖，在表面码放油菜，盖上盖子焖5分钟即可。

鸡蛋三明治

🥄 所需食材：

帮孩子烤好面包切片，或者用市售的切片面包也可以，鸡蛋1个，火腿2片，生菜2片，任选自己喜欢的三明治抹酱少许。

🍴 小朋友做法：

1 取出鸡蛋放入电饭煲（提醒小朋友要养成碰过鸡蛋洗手的好习惯哦）。

2 向电饭煲注入一小碗水，盖上盖子按下煮饭键。

3 观察电饭煲，水开后计时，煮10分钟后按下停止键。

4 小心打开盖子，用一个小碗当勺子盛出锅里的鸡蛋，用凉开水浸泡。

5 浸泡后的鸡蛋很容易去皮，之后用切蛋器切片，按照自己的喜欢的吃法制作三明治吧！

牛奶麦片

🥄 所需食材：

牛奶，麦片。

🍴 小朋友做法：

1　电饭煲倒入一小碗水，放入蒸架，准备半碗牛奶，放在蒸架上。

2　按下煮饭键，等待水开后按下停止键焖5分钟。

3　小心打开盖子，让蒸汽散一会儿，戴上手套取出小碗，将喜欢的麦片倒在温温的牛奶里。

虾仁蛋羹

🥄 所需食材：

牛奶一小杯，全蛋1个，冻虾仁5个，生抽和香油少许。

🍴 小朋友做法：

1 将一个全蛋打散在碗里，小朋友用小叉子来搅打蛋液会方便些。再倒入一小杯牛奶继续搅打至顺滑。

2 将虾仁一个一个放进牛奶蛋液里。

3 电饭煲倒入一碗水，放好蒸架，将碗放在蒸架上，按下煮饭键。

4 水开后蒸10分钟按下停止键，小心打开盖子，带着手套取出小碗，淋少许生抽和香油。

紫米红枣粥

紫米一小把，糯米一小把，大米一小把，红枣2个，红糖1勺。

小朋友做法：

1 先将紫米与糯米洗净，用水泡半天时间。

2 将大米洗净，与紫米和糯米一同倒入电饭煲中。

3 家里的滤水壶每次可以过滤1升水，将一壶半的水倒入电饭煲，再放红枣进去，盖上盖子按下煮粥键。

4 紫米粥煮好后小心盛入碗中，表面撒1勺红糖。

小饼干

🥄 所需食材：

请妈妈帮忙提前准备好奶油饼干面团1个。

🍴 小朋友做法：

1 取出冰箱中的面团室温回温半小时，用小擀面杖将面团擀成薄薄的长方形。

2 找出喜欢的模具，小心的压出饼干坯子。

3 盘子里铺1张烘焙纸，将饼干坯子整齐码放，入冰箱冷藏室10分钟。

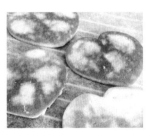

4 电饭煲盖上盖子按下煮饭键预热5分钟。

5 从冰箱取出饼干坯子，码放进电饭煲，小心不要烫到小手，盖上盖子等8分钟。

6 8分钟后打开盖子，用塑料饭铲将小饼干逐一翻面再烤8分钟即可。